U0794071

高等职业教育机电类专业教学改革规划教材

机械制图习题集（活页式）

主　编　毛海峰　杨　琪　周洪江

副主编　潘京涛　李　研　姚博悦　李世鑫

西南交通大学出版社

·成　都·

图书在版编目（CIP）数据

机械制图习题集 / 毛海峰，杨琪，周洪江主编. —
成都：西南交通大学出版社，2021.7
ISBN 978-7-5643-8103-5

Ⅰ. ①机… Ⅱ. ①毛… ②杨… ③周… Ⅲ. ①机械制图－高等职业教育－习题集 Ⅳ. ①TH126-44

中国版本图书馆 CIP 数据核字（2021）第 131257 号

Jixie Zhitu Xitiji

机械制图习题集

主编　毛海峰　杨琪　周洪江

责任编辑　李华宇
封面设计　GT 工作室

出版发行　西南交通大学出版社
（四川省成都市金牛区二环路北一段 111 号
西南交通大学创新大厦 21 楼）
邮政编码　610031
发行部电话　028-87600564　028-87600533
网址　http://www.xnjdcbs.com
印刷　四川玖艺呈现印刷有限公司

成品尺寸　210 mm × 285 mm
印张　6.25
字数　97 千
版次　2021 年 7 月第 1 版
印次　2021 年 7 月第 1 次
定价　36.00 元
书号　ISBN 978-7-5643-8103-5

课件咨询电话：028-81435775
图书如有印装质量问题　本社负责退换

前　言

本习题集是职业院校铁路专业特色教材《机车零件图的识图与绘制》的配套习题集，按照现行机械制图国家标准，根据高职院校机械类和近机械类就业岗位职业能力的要求，由具有多年从事一线技术工作和丰富教学经验的一线教师，在广泛吸取高职高专制图教学改革经验的基础上编写而成。本习题集充分考虑了高职学生的认知和思维特点，注重基础，由浅入深，循序渐进，让学生能够掌握制图的基本技能及绘图、读图的基本方法。

本习题集具有以下特色：

1. 内容的编排顺序与主教材一致。每个教学任务都设计了难度适中的练习题，作为随堂练习和课外巩固练习。

2. 全部采用标准的 A4 图纸并且装订成活页，便于学生将活页练习放到图板上完成，让学生能体会到课堂如职场，上课如上岗。

3. 包含仿宋字的练习，其优势在于能够用铅笔进行描红练习，擦拭后可以反复多次使用。

4. 学生可以使用一支 2 mm 粗的自动铅笔（包括绘图圆规），通过自动铅笔自带的专用工具，可以将笔尖削成 0.35 mm 和 0.7 mm 两种规格，方便粗细线条的绘制。

由于编者水平有限，书中难免存在不足之处，恳请读者批评指正。

编　者

2021 年 3 月

目　录

长仿宋字与其他汉字一样，都是由基本笔画所组成。笔画是构成长仿宋字的基本要素。学习长仿宋字必须从基本笔画的笔法着手，掌握其书写技巧。长仿宋字的笔画分为横、竖、撇、捺、点、挑、钩、折等八类基本笔画，基本笔画书写方法见下表。

长仿宋字基本笔画

笔画	形状	写法说明
横	一	起落笔须顿，两端均呈三角形；笔画平直，向上倾斜5°
竖	丨	起落顿挫有笔锋，收笔在左方呈棱角
撇	丿	起落须顿，呈三角形，斜下轻提笔，渐成尖端
捺	㇏	斜捺起笔时顿挫有锋，向右下方作一渐粗直线，捺脚近似一长三角形
点	、	起落轻，落笔须顿，一般均呈三角形
挑	㇀	起落须顿，笔画挺直上斜轻提笔，渐成尖端
钩	亅	竖钩在末端向左上方作钩，钩笔可倒装
折	㇆	横画末端回笔呈三角形，竖接竖画

练习方法：用自动铅笔描红书写，铅笔芯采用2 mm粗铅芯，削成3.5 mm后书写，书写完成后用橡皮擦拭，字帖可做到多次练习使用。

富	强	富	强	民	主	民	主	文	明	文	明	和	谐	和	谐
富	强	富	强	民	主	民	主	文	明	文	明	和	谐	和	谐
富	强	富	强	民	主	民	主	文	明	文	明	和	谐	和	谐
自	由	自	由	平	等	平	等	公	正	公	正	法	制	法	制
自	由	自	由	平	等	平	等	公	正	公	正	法	制	法	制
自	由	自	由	平	等	平	等	公	正	公	正	法	制	法	制
爱	国	爱	国	敬	业	敬	业	诚	信	诚	信	友	善	友	善
爱	国	爱	国	敬	业	敬	业	诚	信	诚	信	友	善	友	善
爱	国	爱	国	敬	业	敬	业	诚	信	诚	信	友	善	友	善

班级		学号		黑龙江交通职业技术学院
姓名		日期		

机	机	机	机	机	机	机	机				技	技	技	技	技	技	技	技			
械	械	械	械	械	械	械	械				术	术	术	术	术	术	术	术			
制	制	制	制	制	制	制	制				要	要	要	要	要	要	要	要			
图	图	图	图	图	图	图	图				求	求	求	求	求	求	求	求			
仿	仿	仿	仿	仿	仿	仿	仿				比	比	比	比	比	比	比	比			
宋	宋	宋	宋	宋	宋	宋	宋				例	例	例	例	例	例	例	例			
字	字	字	字	字	字	字	字				材	材	材	材	材	材	材	材			
须	须	须	须	须	须	须	须				料	料	料	料	料	料	料	料			
端	端	端	端	端	端	端	端				其	其	其	其	其	其	其	其			
正	正	正	正	正	正	正	正				余	余	余	余	余	余	余	余			
整	整	整	整	整	整	整	整				钳	钳	钳	钳	钳	钳	钳	钳			
齐	齐	齐	齐	齐	齐	齐	齐				工	工	工	工	工	工	工	工			
笔	笔	笔	笔	笔	笔	笔	笔				倒	倒	倒	倒	倒	倒	倒	倒			
画	画	画	画	画	画	画	画				角	角	角	角	角	角	角	角			
清	清	清	清	清	清	清	清				车	车	车	车	车	车	车	车			
楚	楚	楚	楚	楚	楚	楚	楚				铣	铣	铣	铣	铣	铣	铣	铣			
间	间	间	间	间	间	间	间				刨	刨	刨	刨	刨	刨	刨	刨			
隔	隔	隔	隔	隔	隔	隔	隔				磨	磨	磨	磨	磨	磨	磨	磨			
均	均	均	均	均	均	均	均				铸	铸	铸	铸	铸	铸	铸	铸			
匀	匀	匀	匀	匀	匀	匀	匀				锻	锻	锻	锻	锻	锻	锻	锻			
0	0	0	0	0	0	0	0				8	8	8	8	8	8	8	8			
1	1	1	1	1	1	1	1				9	9	9	9	9	9	9	9			
2	2	2	2	2	2	2	2				Ø	Ø	Ø	Ø	Ø	Ø	Ø	Ø			
3	3	3	3	3	3	3	3				R	R	R	R	R	R	R	R			
4	4	4	4	4	4	4	4				M	M	M	M	M	M	M	M			
5	5	5	5	5	5	5	5				A	A	A	A	A	A	A	A			
6	6	6	6	6	6	6	6				B	B	B	B	B	B	B	B			
7	7	7	7	7	7	7	7				C	C	C	C	C	C	C	C			

班级		学号		黑龙江交通职业技术学院
姓名		日期		

在给定位置抄画各种图线、尺寸线。

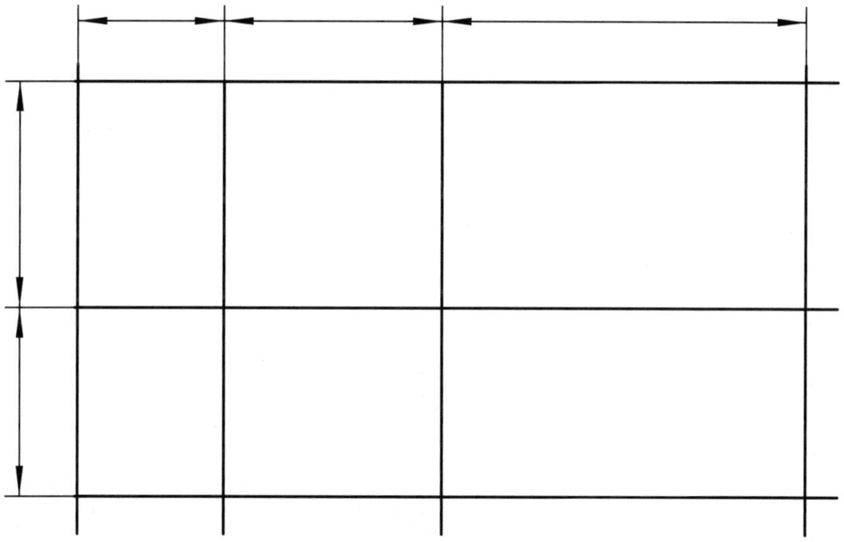

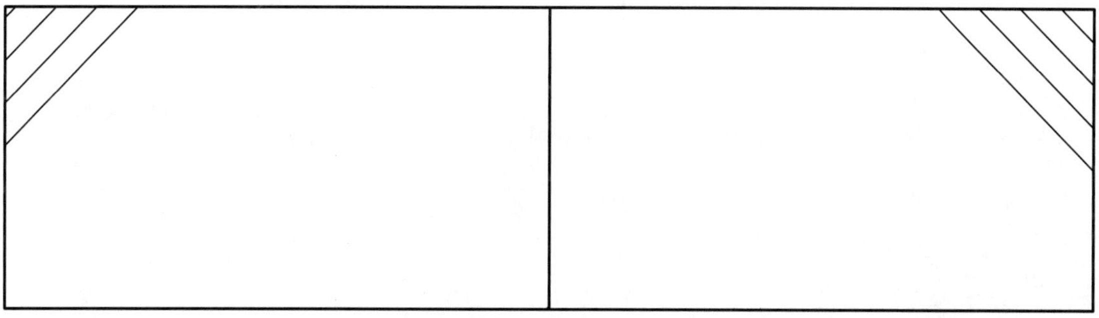

班级		学号		黑龙江交通职业技术学院
姓名		日期		

在给定图形下方，按尺寸1：1抄画图形。

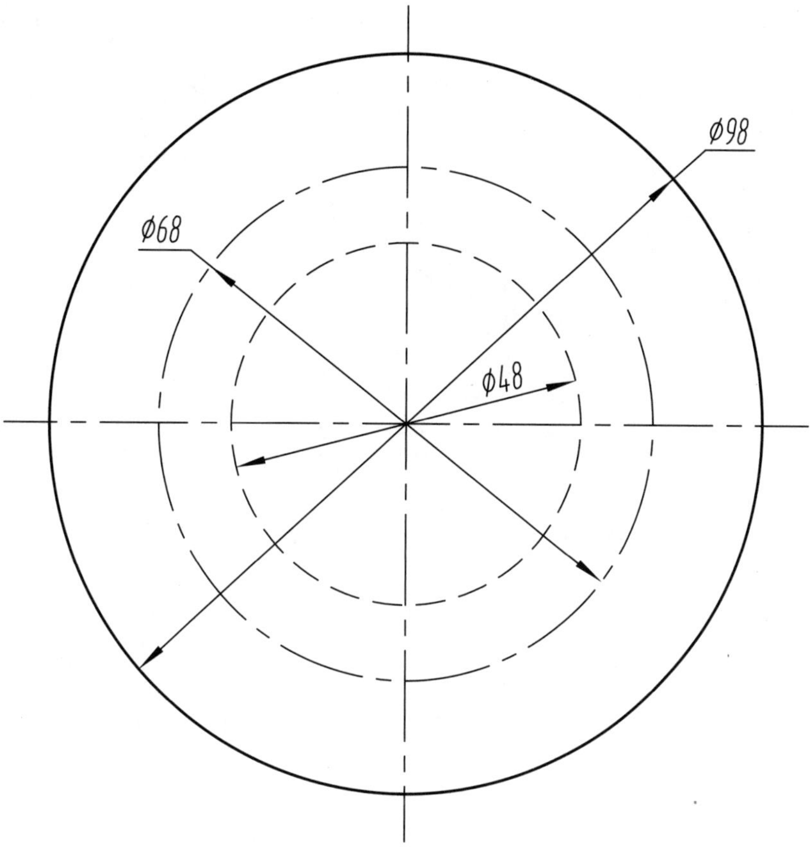

班级		学号		黑龙江交通职业技术学院
姓名		日期		

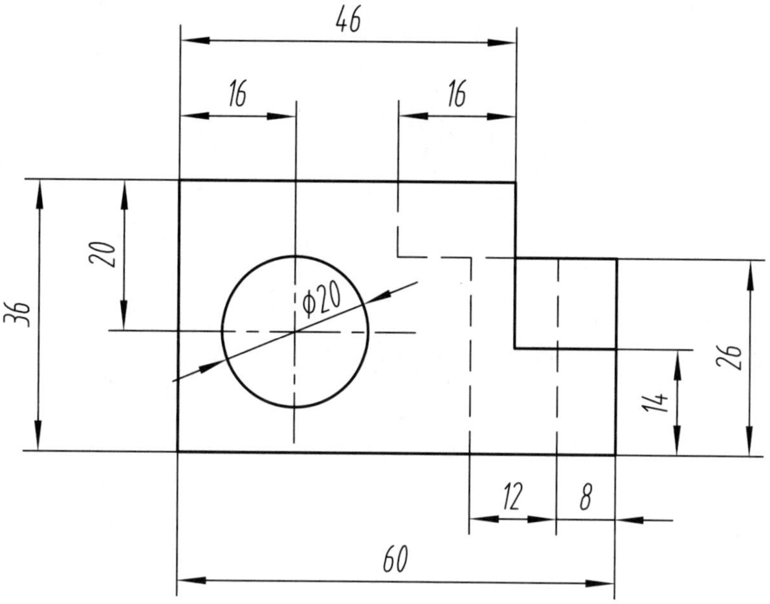

班级		学号		黑龙江交通职业技术学院
姓名		日期		

1–4 找出图中尺寸注法的错误，并将全部尺寸正确地标注在下图中

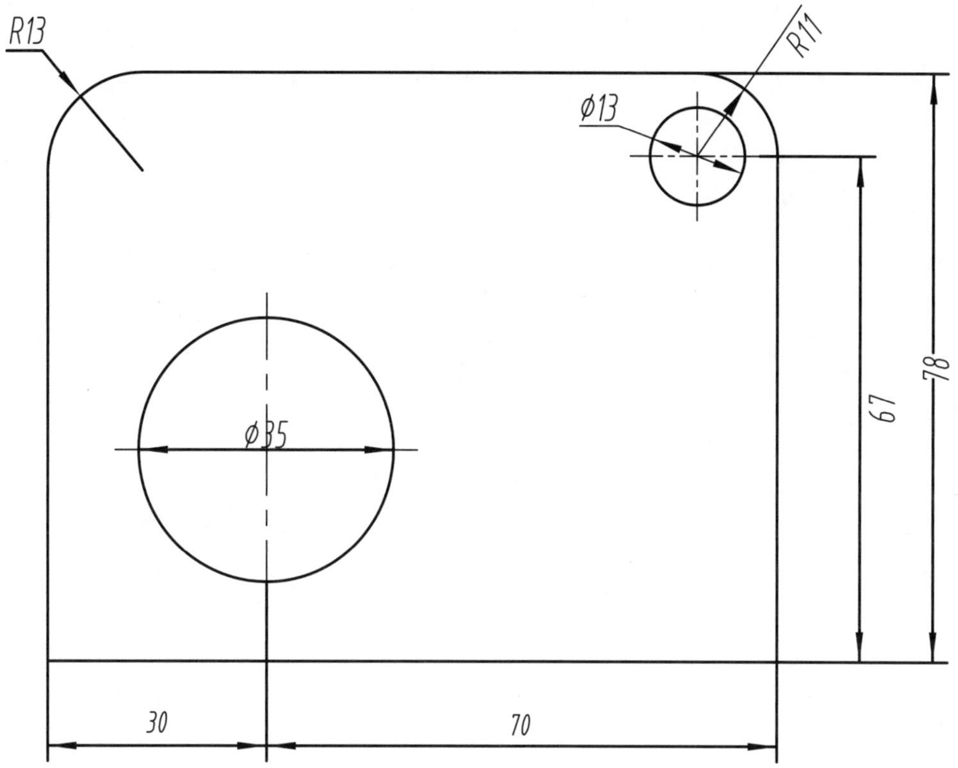

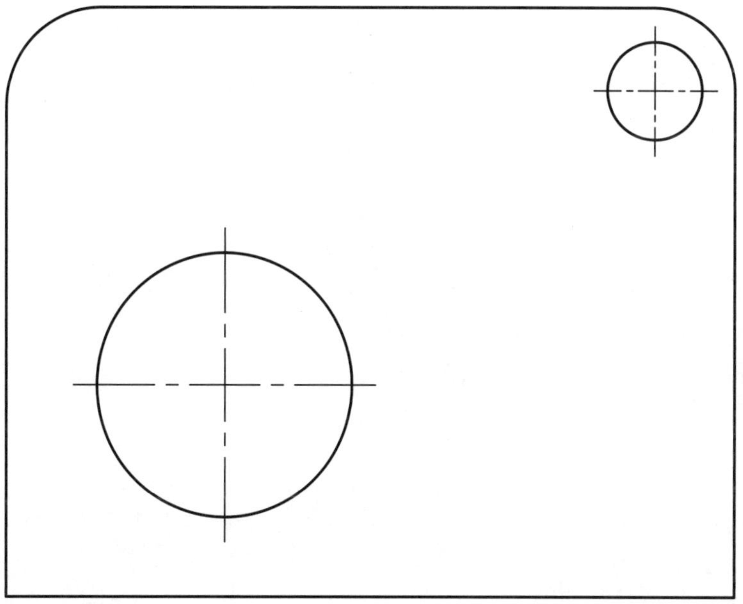

班级		学号		黑龙江交通职业技术学院
姓名		日期		

1.将线段*AB*分成7等分。

2.作正六边形（外接圆ϕ60）。

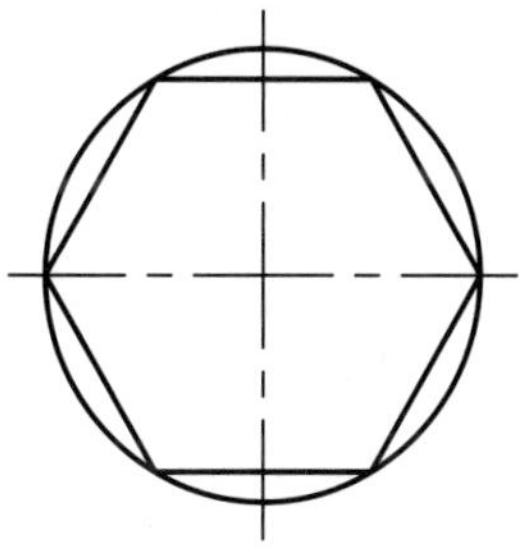

3.作五角星（外接圆ϕ60）。

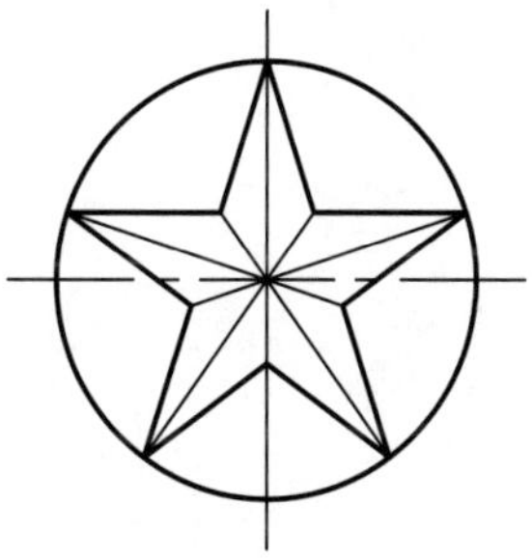

班级		学号		黑龙江交通职业技术学院
姓名		日期		

1.斜度练习（按1：1比例作图）。

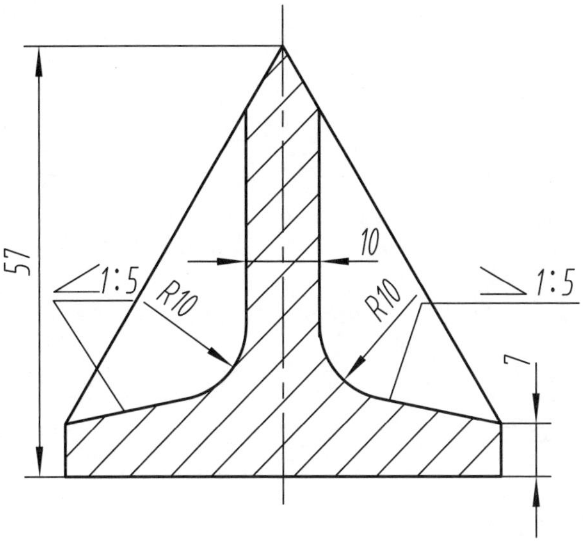

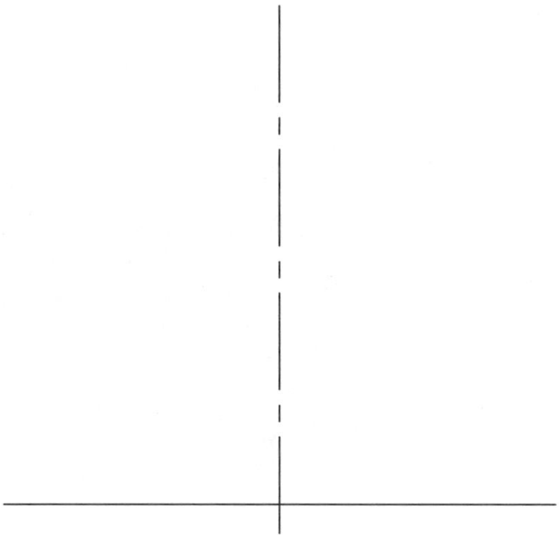

2.锥度练习（按1：1比例作图）。

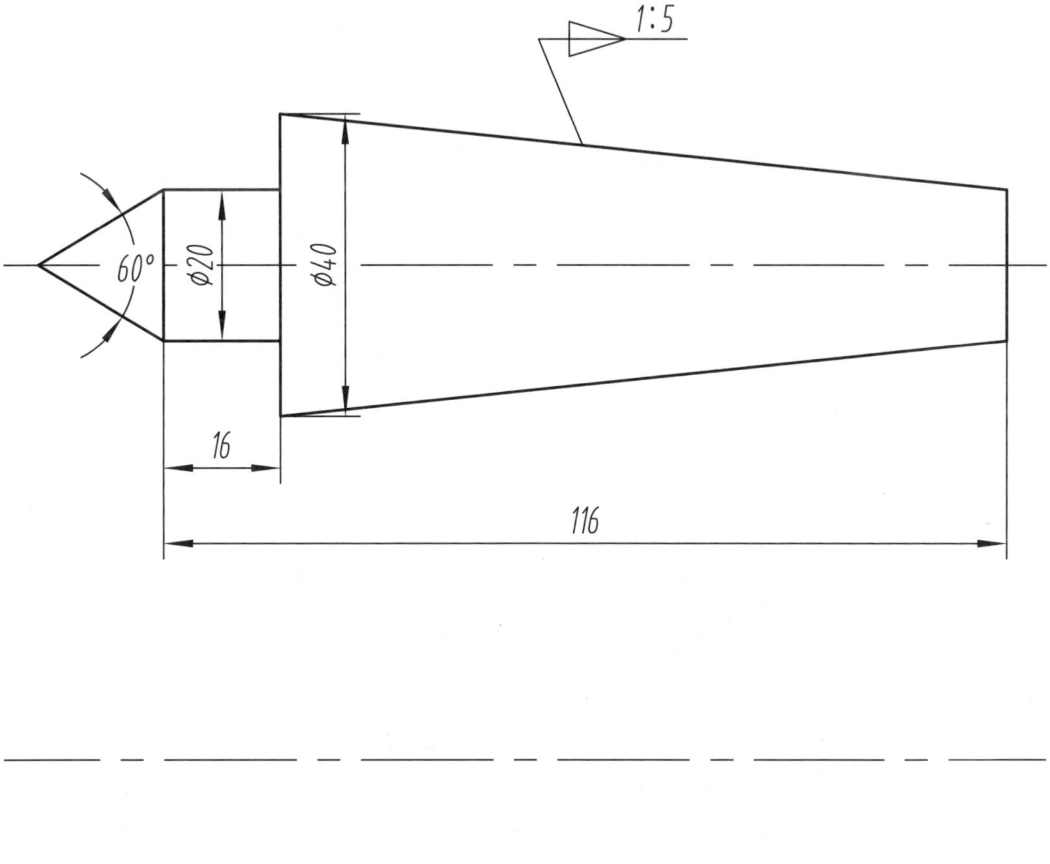

班级		学号		黑龙江交通职业技术学院
姓名		日期		

1-7 几何作图

1.圆弧连接（用题中所给半径*R*，参照题中图样完成连接）。

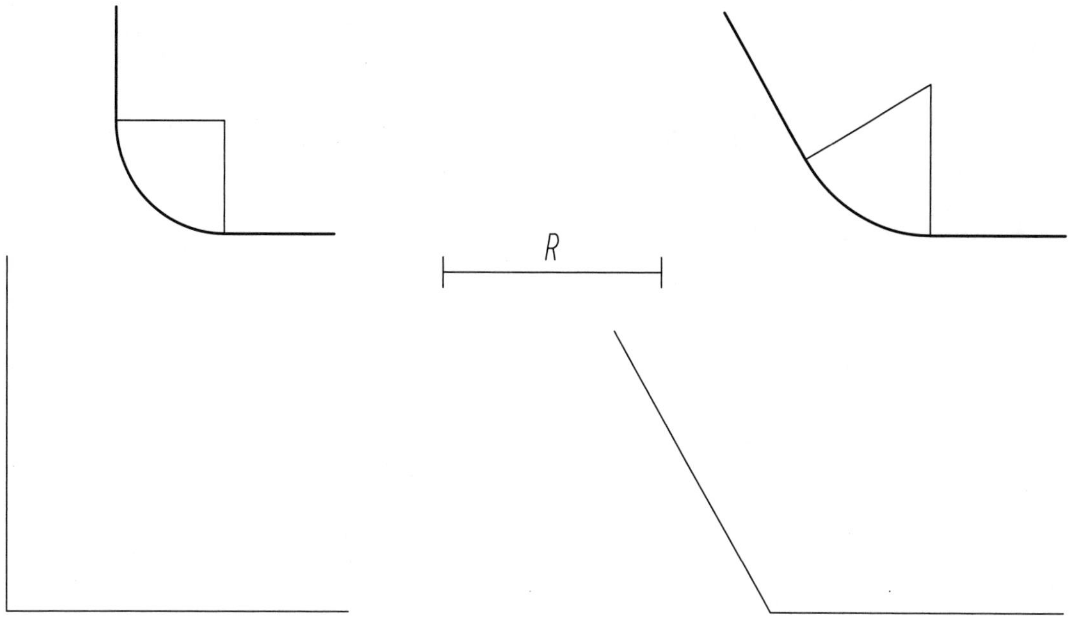

2.圆弧连接（用题中所给半径*R*，参照题中图样完成连接）。

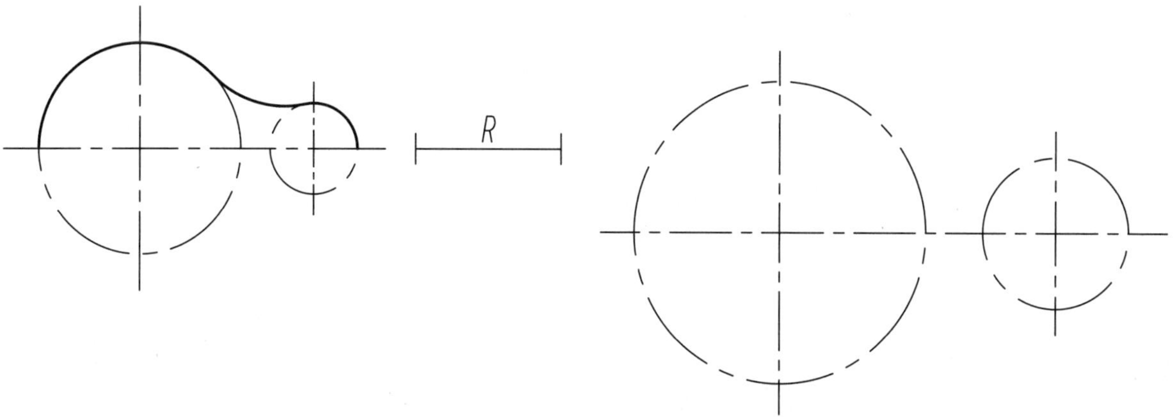

3.圆弧连接（用题中所给半径*R*，参照题中图样完成连接）。

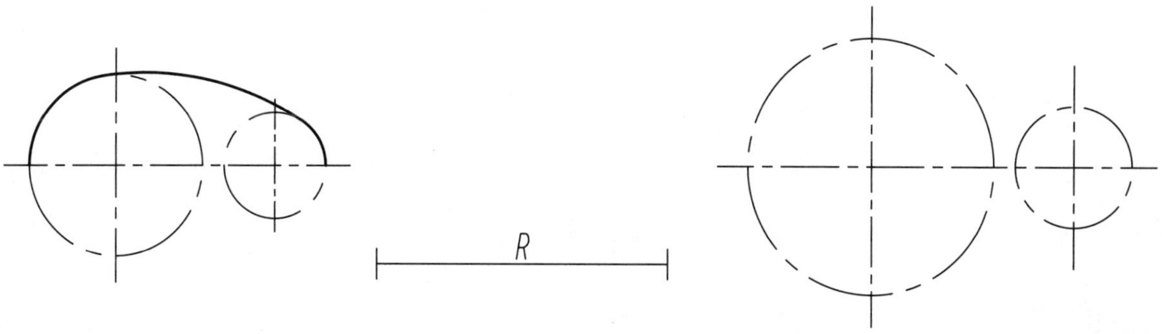

班级		学号		黑龙江交通职业技术学院
姓名		日期		

一、目　的

1. 熟悉几何图形的绘图步骤和尺寸注法。
2. 掌握线段连接的作图方法与技巧。

二、内　容

1. 绘制几何图形“铁路路徽”并标注尺寸。
2. 用A4图纸竖放，比例为1∶1。

三、绘图步骤

1. 画底稿图：
   1) 绘制基准线；
   2) 按已知圆弧、中间圆弧、连接圆弧的顺序绘出图形；
   3) 绘制尺寸界限、尺寸线。
2. 检查底稿，描深图形。
3. 绘制箭头，注写尺寸数字，填写标题栏。

四、注意事项

1. 图形布置要匀称，要留足标注尺寸的位置。
2. 粗实线宽度b=0.7 mm，粗、细实线均用ϕ2.0 mm粗芯自动铅笔绘制。

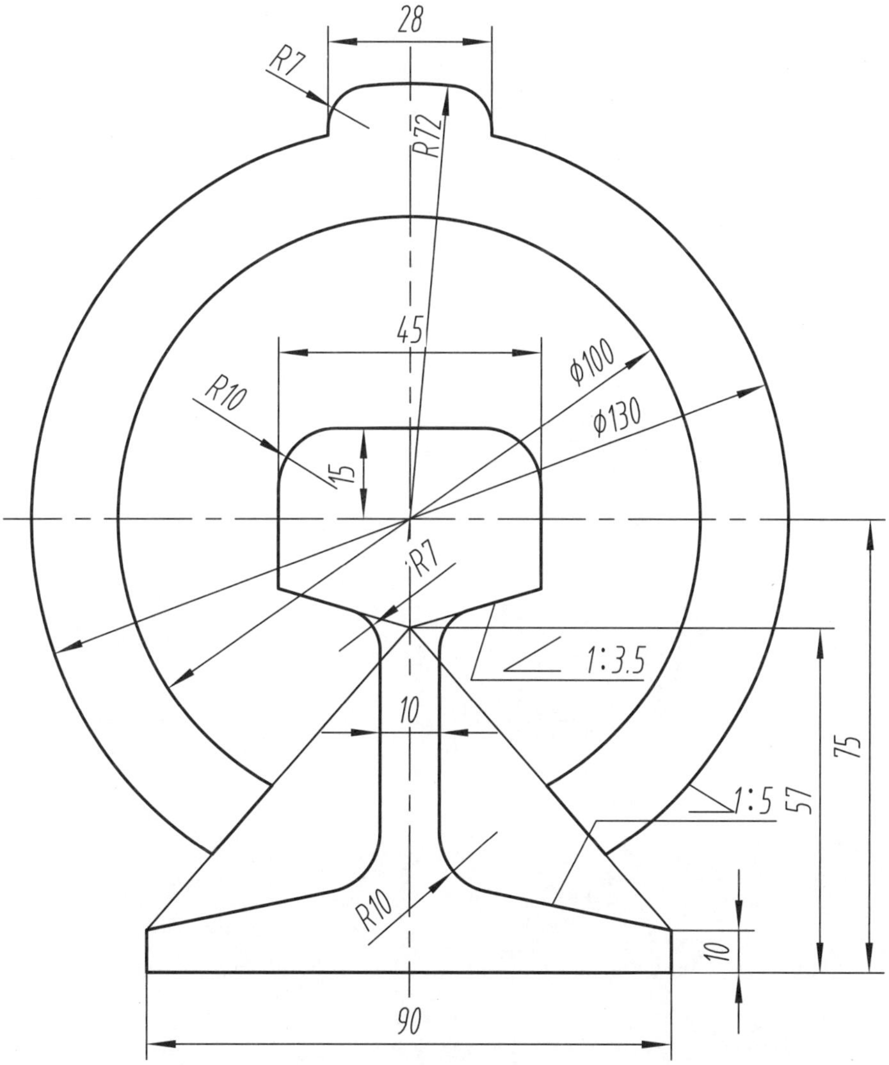

班级		学号		黑龙江交通职业技术学院
姓名		日期		

铁路路徽			比例	1:1	
			材料		
班级		学号		黑龙江交通职业技术学院	
制图		日期			

1.已知各点的两面投影，求作其第三投影。

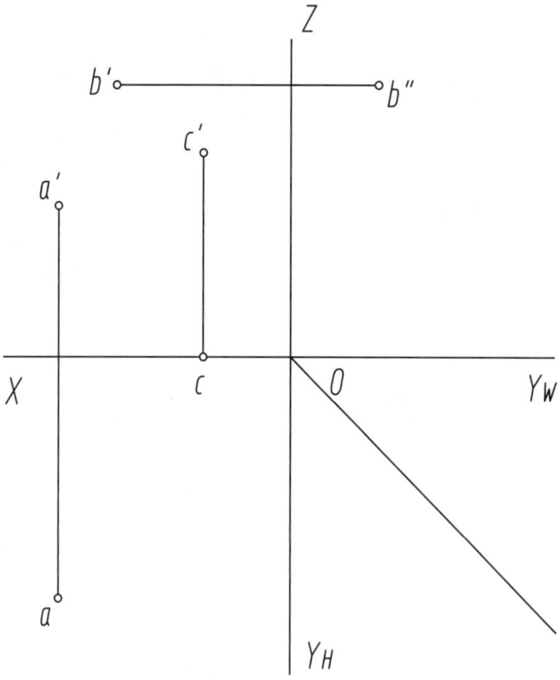

2.画点$A(30,10,25)$、$B(20,30,0)$、$C(10,0,15)$的三面投影。

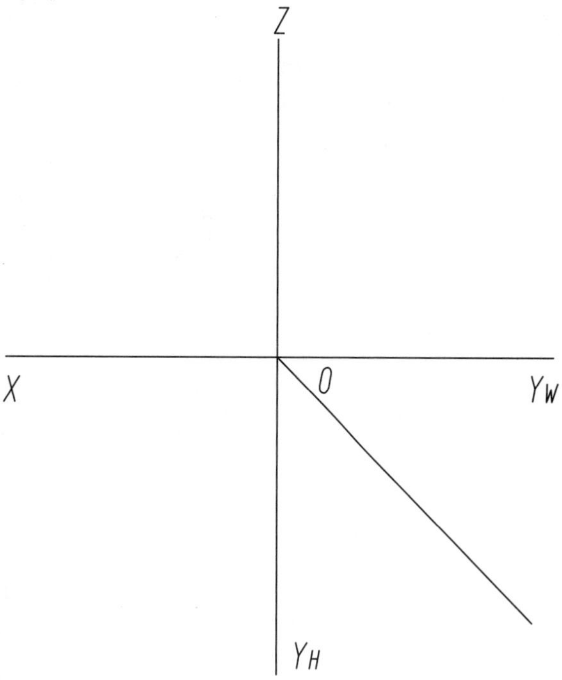

3.已知A点的投影。点B在点A的左方10、前方20、上方15处；点C在点B的正右方W面上。求作点B、C的投影图，并判断可见性。

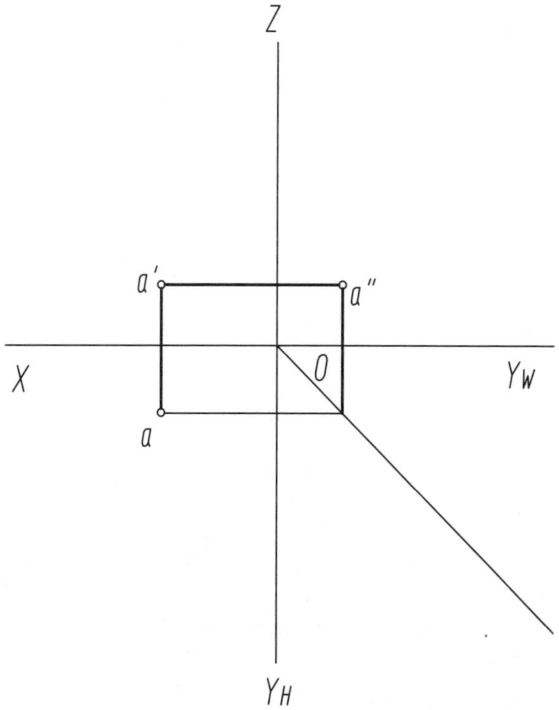

4.在立体的投影图中，标出A、B、C、D四点的三面投影。

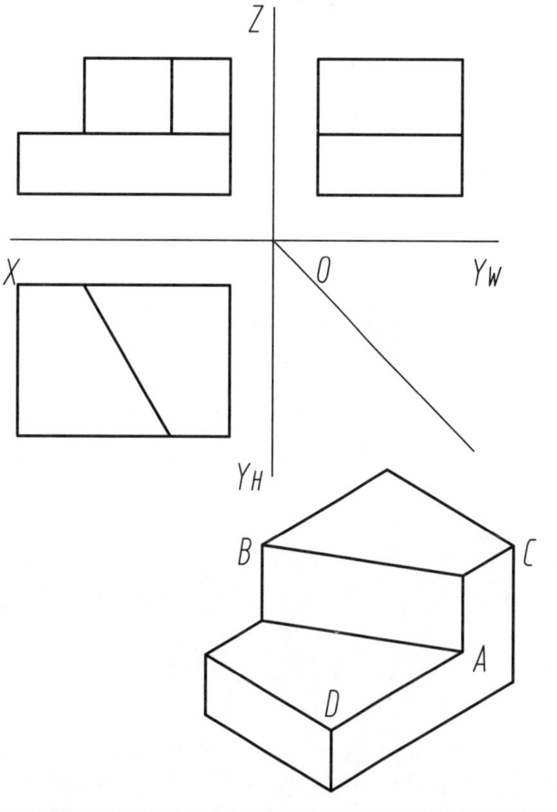

班级		学号		黑龙江交通职业技术学院
姓名		日期		

2-2 投影面垂直线练习

1.绘制投影面垂直线的三面投影（尺寸自定）。

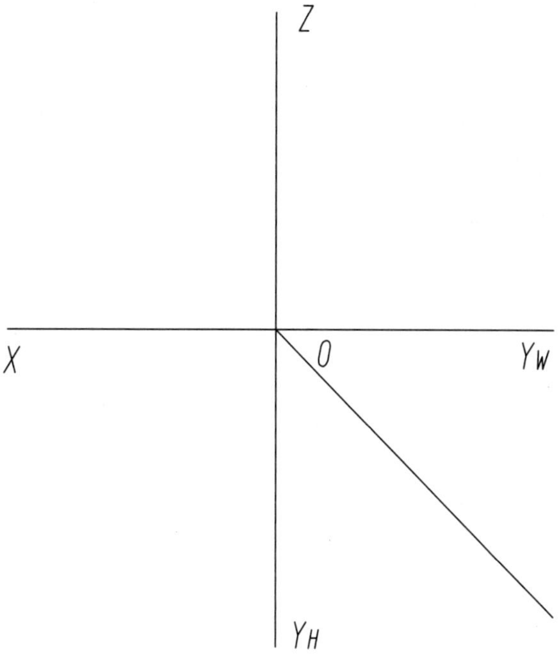

正 垂 线

2.绘制投影面垂直线的三面投影（尺寸自定）。

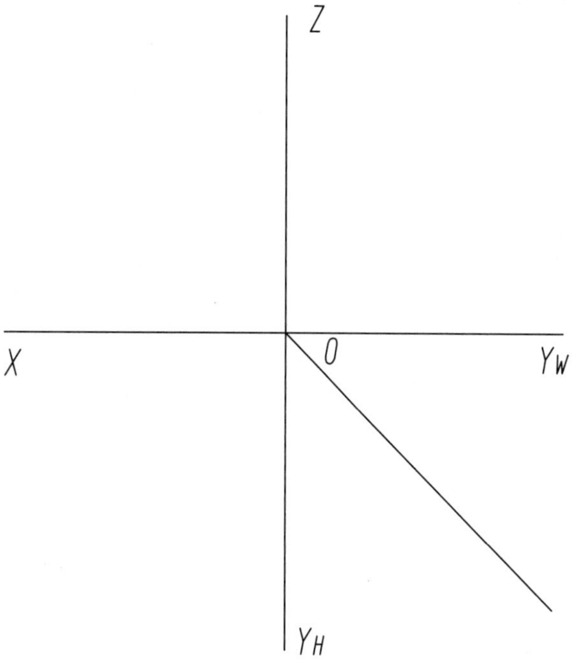

铅 垂 线

3.绘制投影面垂直线的三面投影（尺寸自定）。

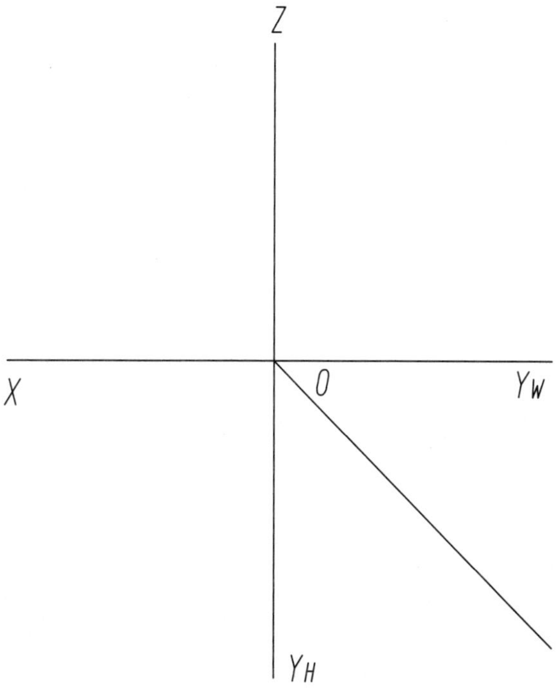

侧 垂 线

4.分析该直线是什么位置直线，并画出该直线的第三投影。

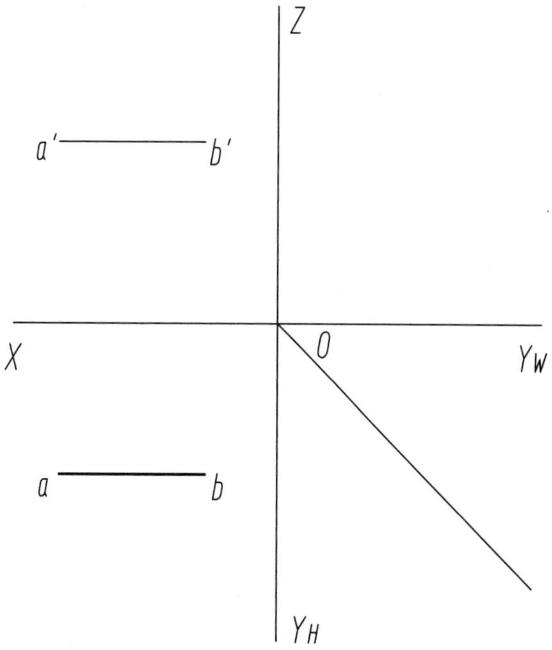

______

班级		学号		黑龙江交通职业技术学院
姓名		日期		

1.绘制投影面平行线的三面投影（尺寸自定）。

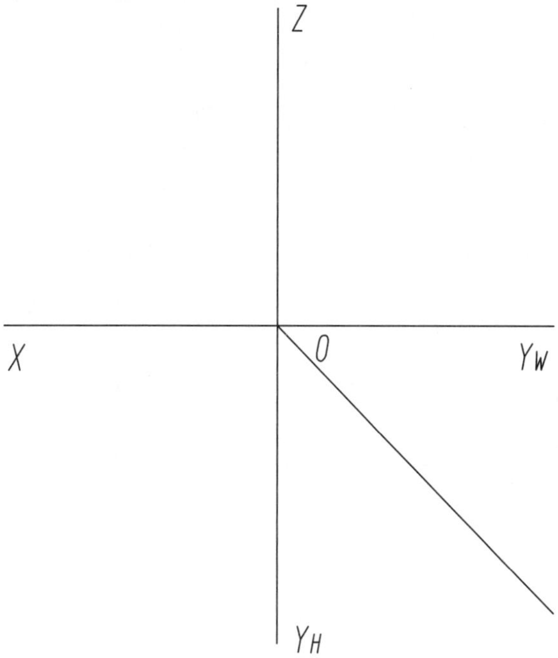

正 平 线

2.绘制投影面平行线的三面投影（尺寸自定）。

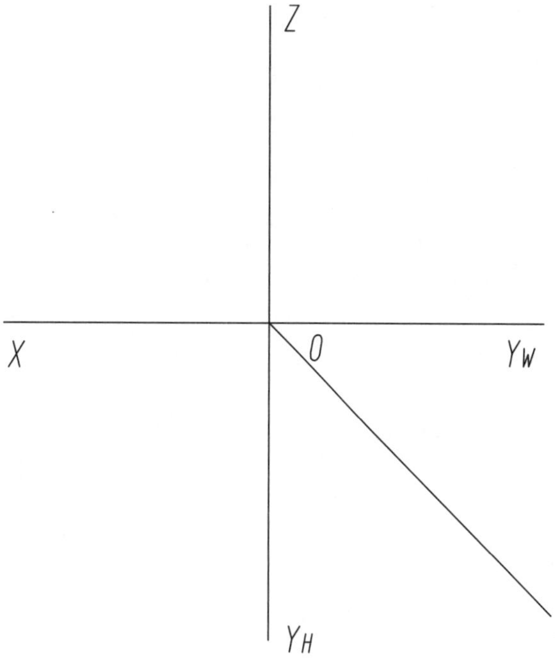

水 平 线

3.绘制投影面平行线的三面投影（尺寸自定）。

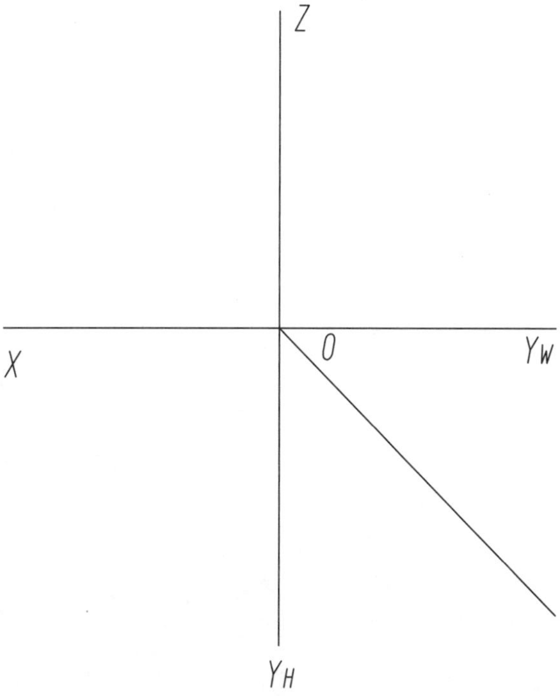

侧 平 线

4.分析该直线是什么位置直线，并画出该直线的第三投影。

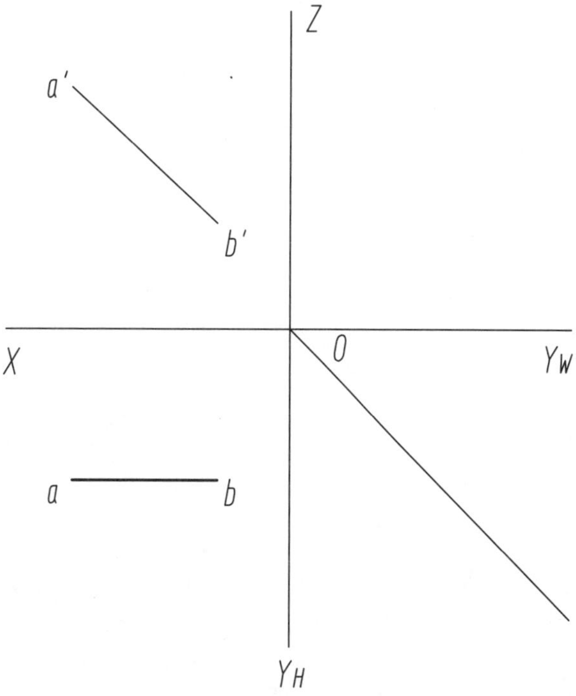

班级		学号		黑龙江交通职业技术学院
姓名		日期		

1.判断直线与投影面的相对位置，完成直线的三面投影。

（1）

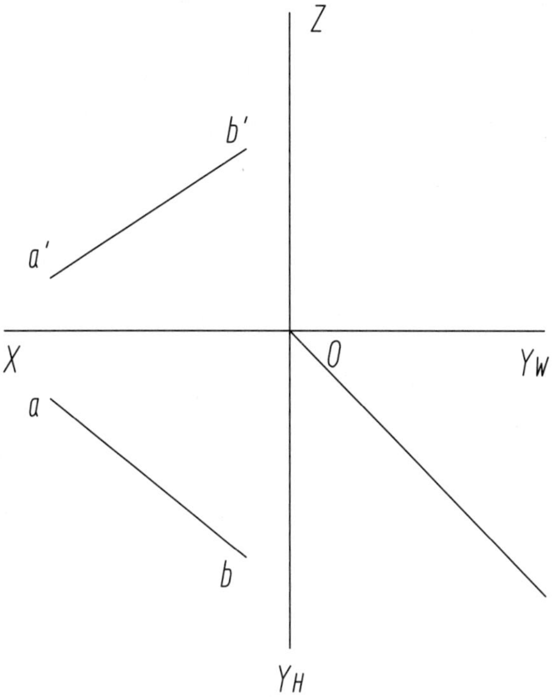

____

（2）

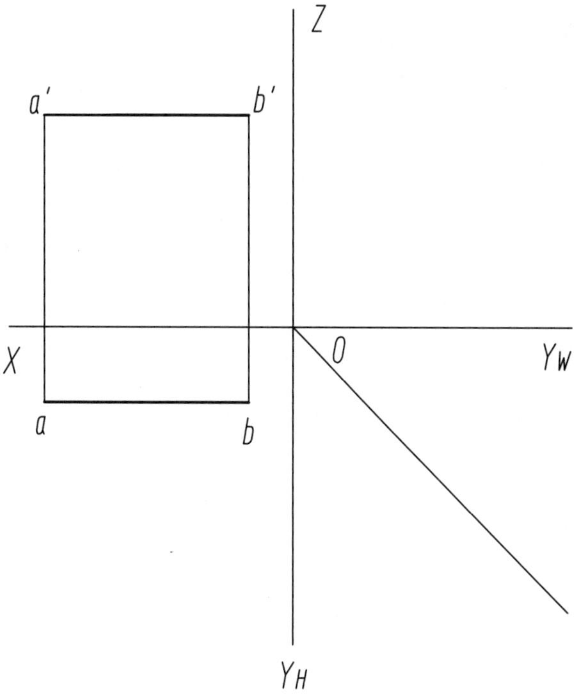

____

2.在投影图中标出*A*、*B*、*C*、*D*四点的投影，并填空。

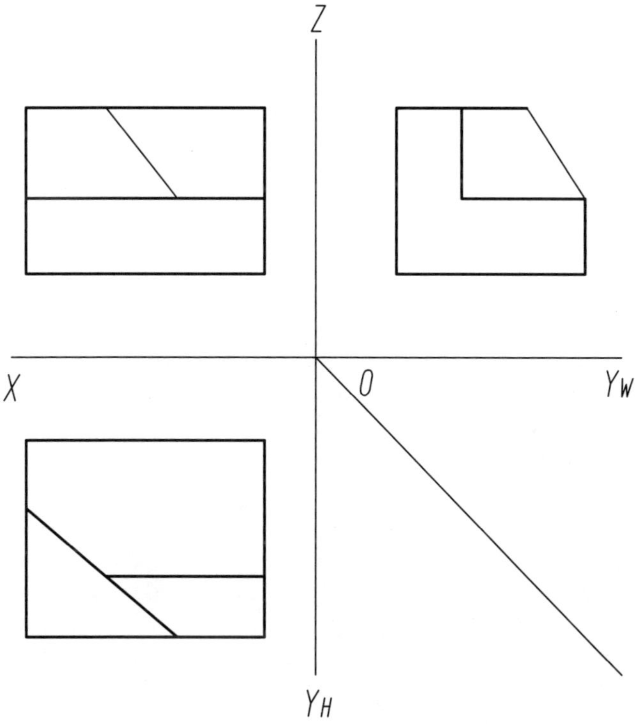

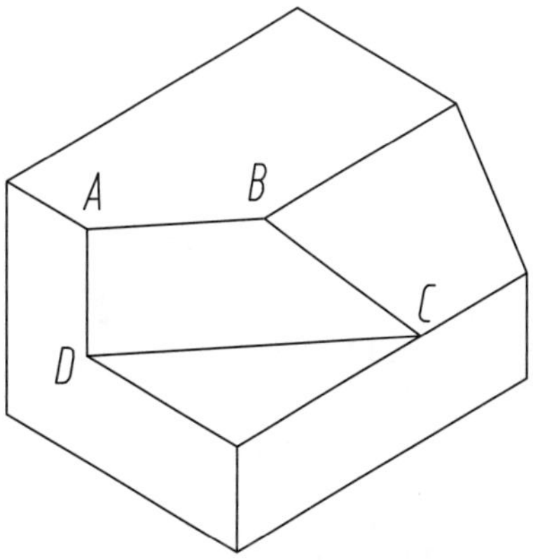

线段AB是________________线

线段BC是________________线

线段AD是________________线

线段CD是________________线

班级		学号		黑龙江交通职业技术学院
姓名		日期		

2–5 投影面垂直面练习

1.绘制投影面垂直面的三面投影（尺寸自定）。

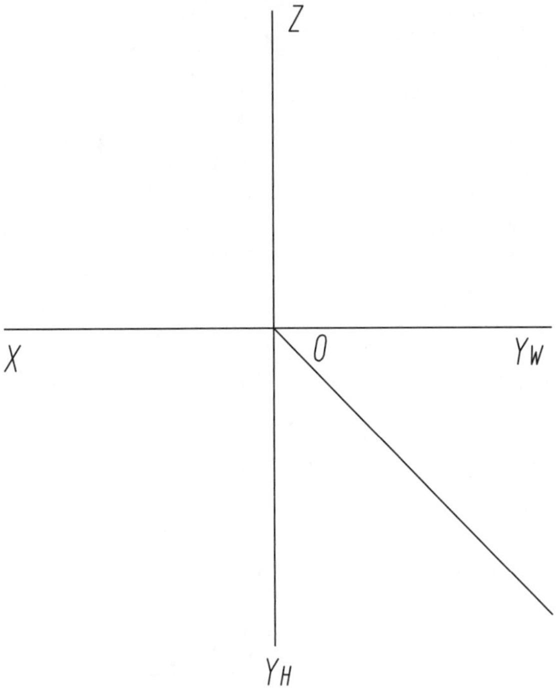

正　垂　面

2.绘制投影面垂直面的三面投影（尺寸自定）。

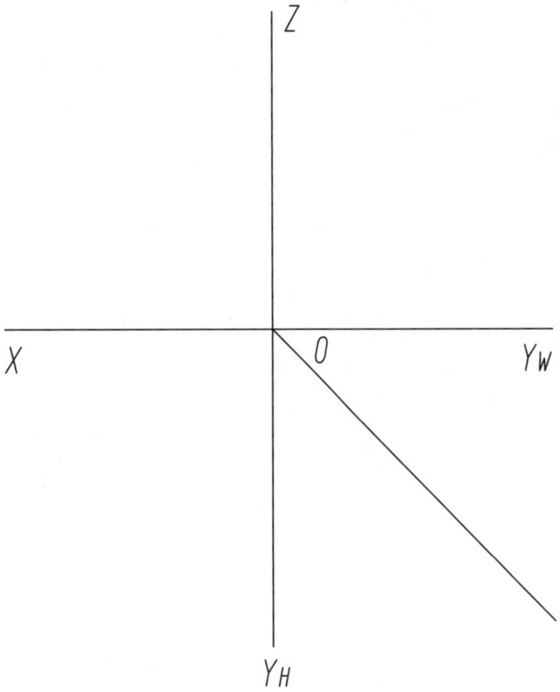

铅　垂　面

3.绘制投影面垂直面的三面投影（尺寸自定）。

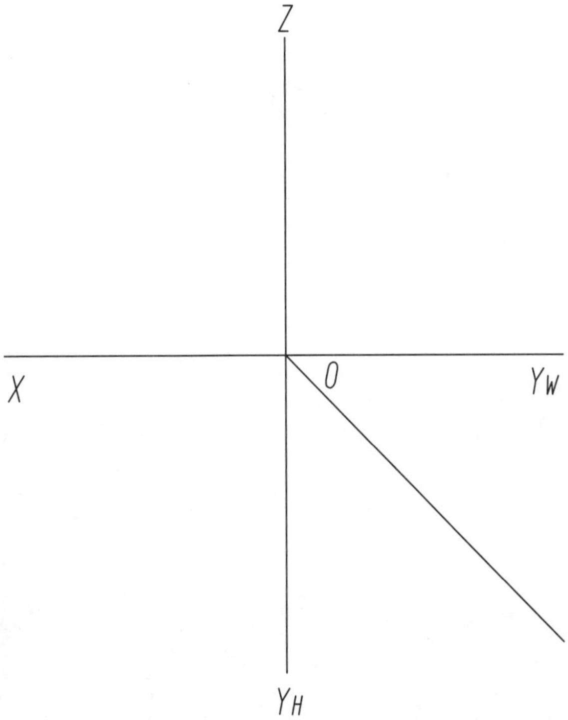

侧　垂　面

4.分析该平面是什么位置平面，并画出该平面的第三投影。

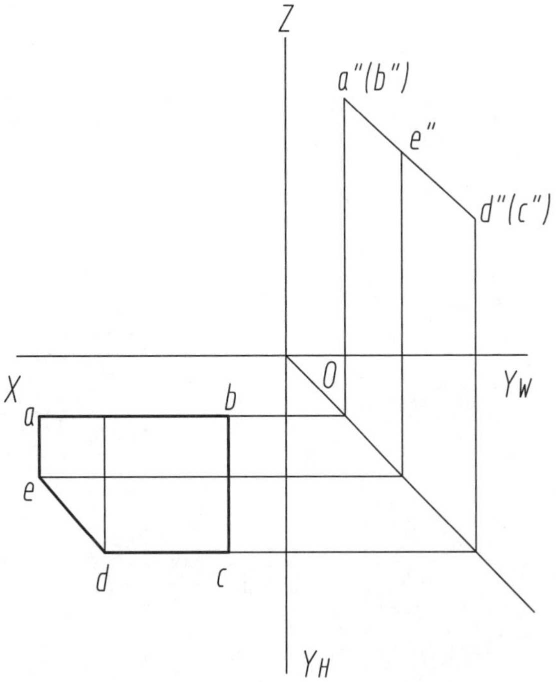

班级		学号		黑龙江交通职业技术学院
姓名		日期		

1.绘制投影面平行面的三面投影（尺寸自定）。

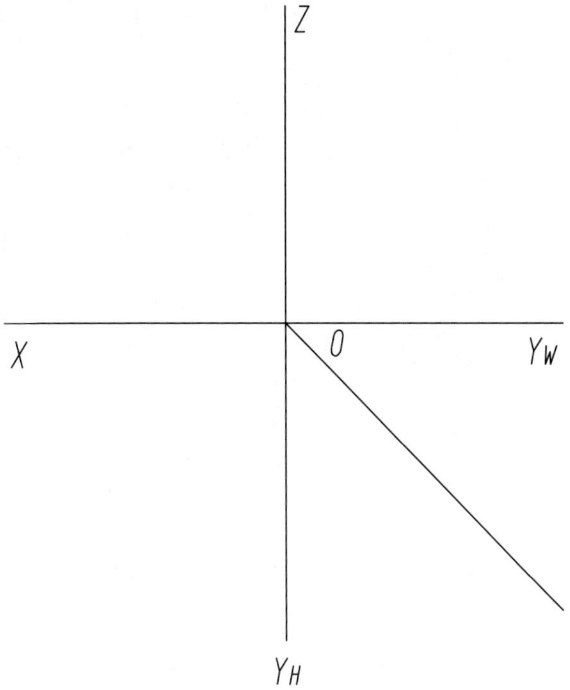

正 平 面

2.绘制投影面平行面的三面投影（尺寸自定）。

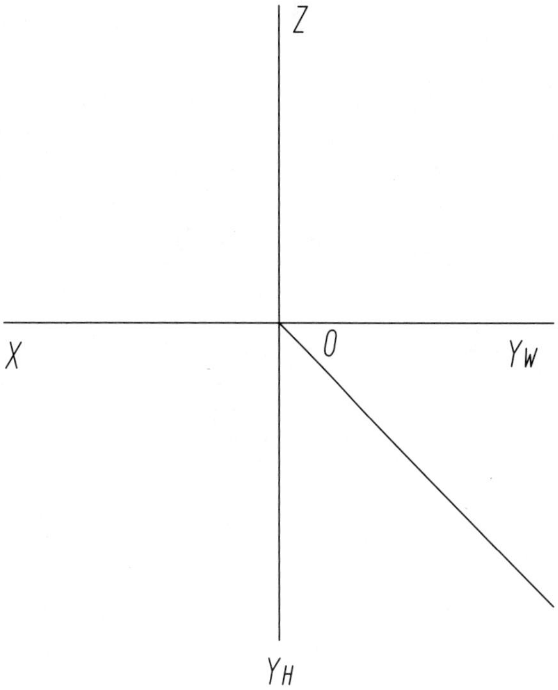

水 平 面

3.绘制投影面平行面的三面投影（尺寸自定）。

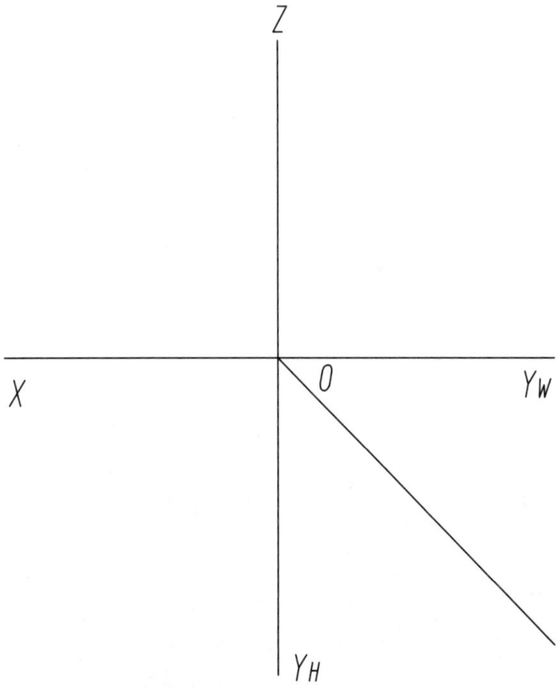

侧 平 面

4.分析该平面是什么位置平面，并画出该平面的第三投影。

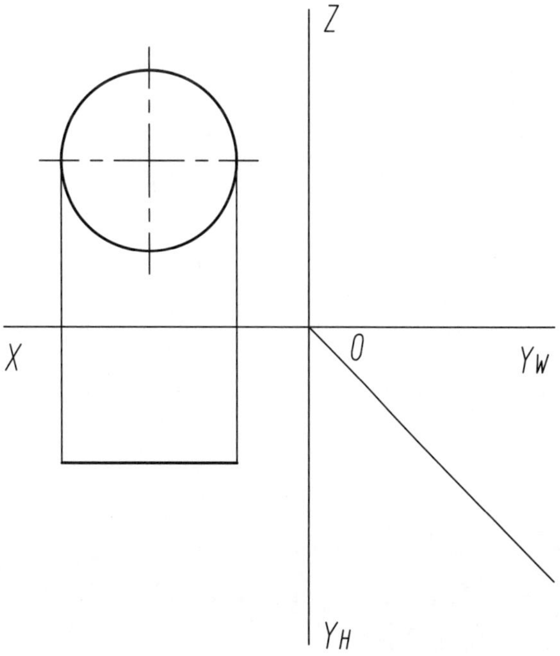

______

班级		学号		黑龙江交通职业技术学院
姓名		日期		

1.分析该平面是什么位置平面，并画出该平面的第三投影。

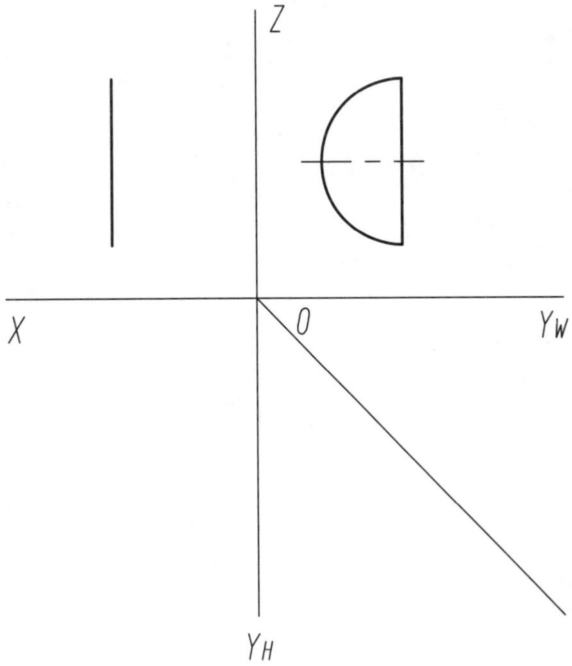

2.分析该平面是什么位置平面，并画出该平面的第三投影。

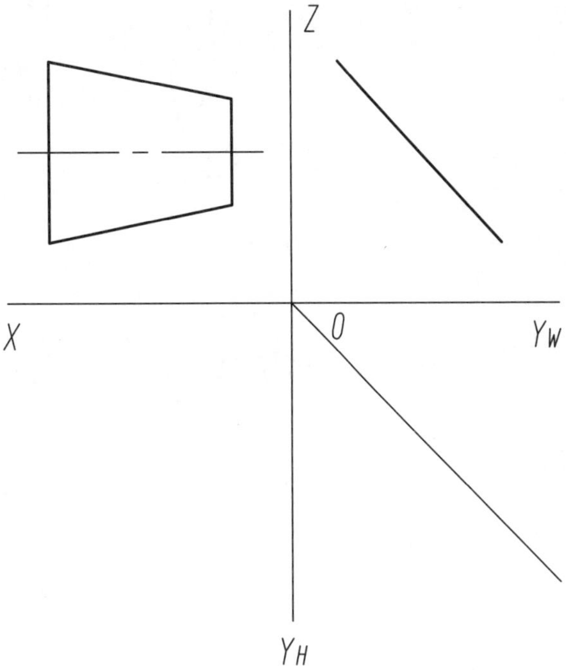

3.分析该平面是什么位置平面，并画出该平面的第三投影。

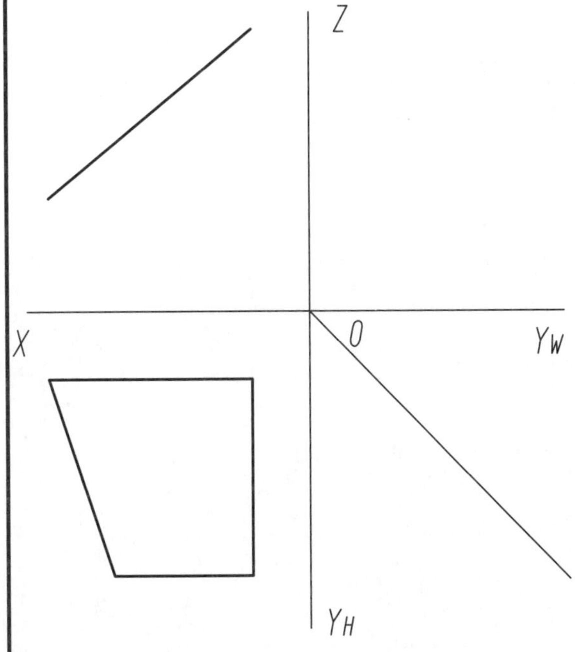

4.分析该平面是什么位置平面，并画出该平面的第三投影。

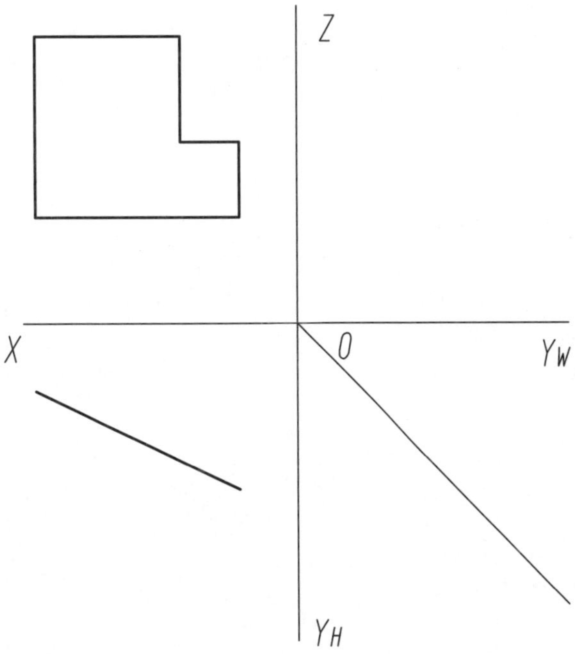

1.补画基本体左视图。

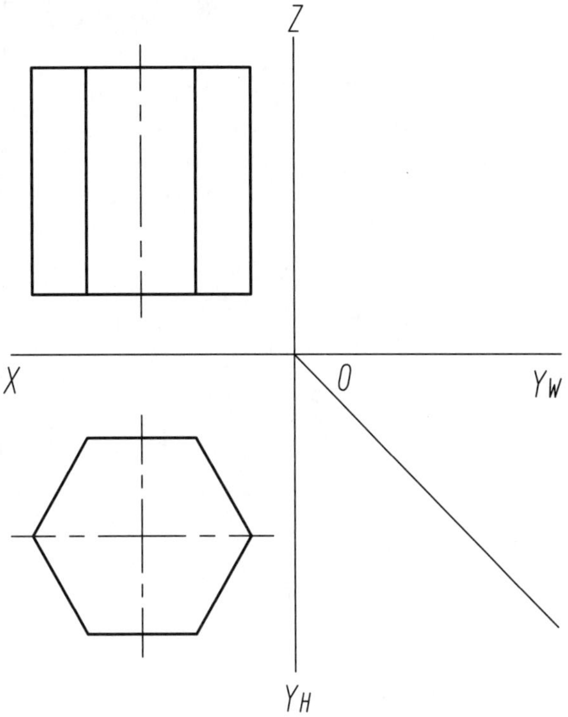

2.已知正六棱柱的俯视图，补全三视图。

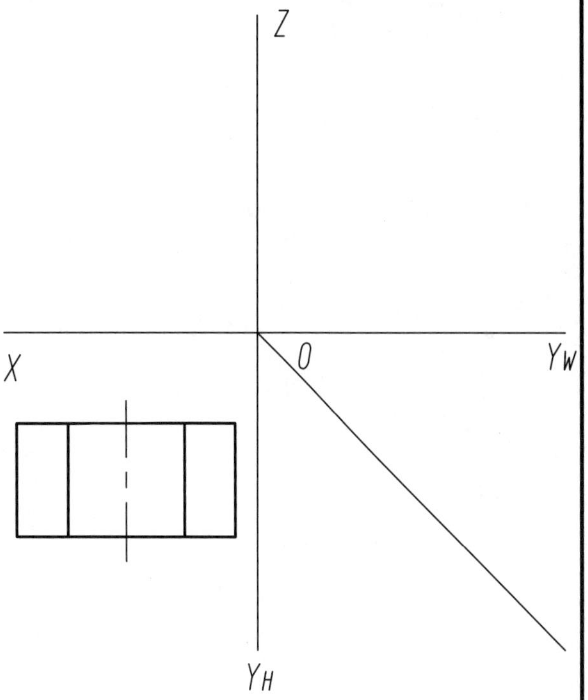

3.已知正五棱柱的俯视图，补全三视图（高25 mm）。

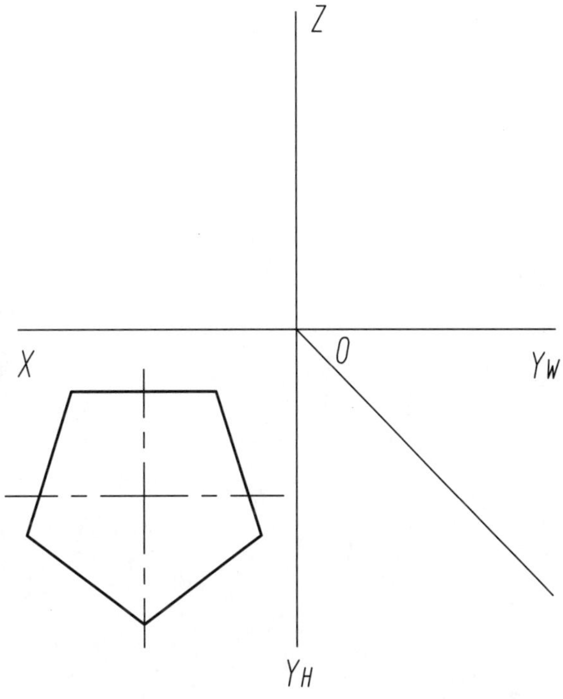

4.已知正四棱锥的主视图，补全三视图。

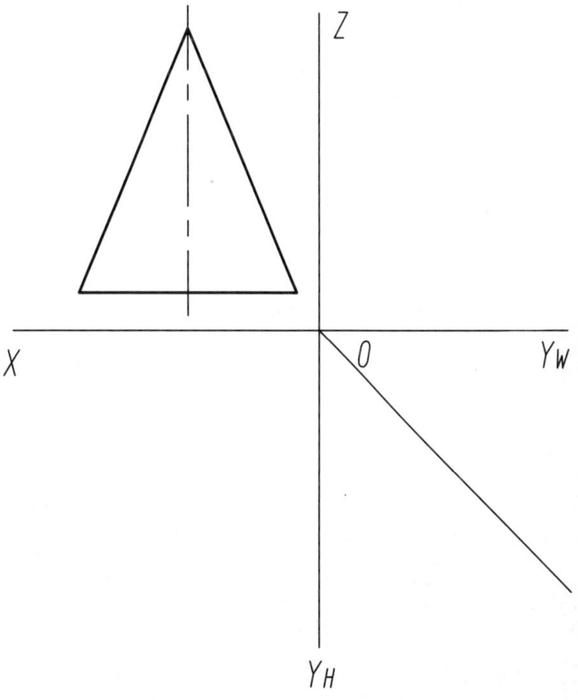

班级		学号		黑龙江交通职业技术学院
姓名		日期		

3–1 根据已知条件绘制基本体三视图（2）

1.补画基本体主视图。

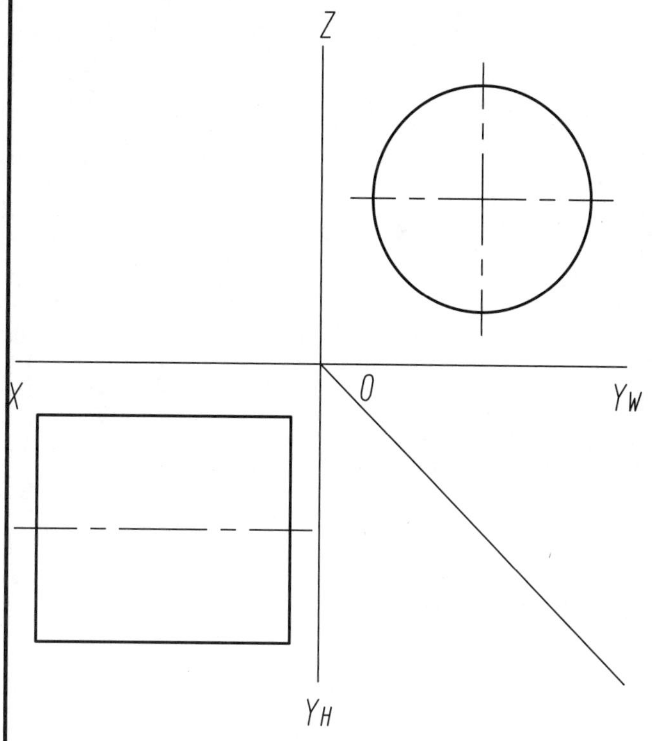

2.已知圆柱高30 mm及其主视图，补全三视图。

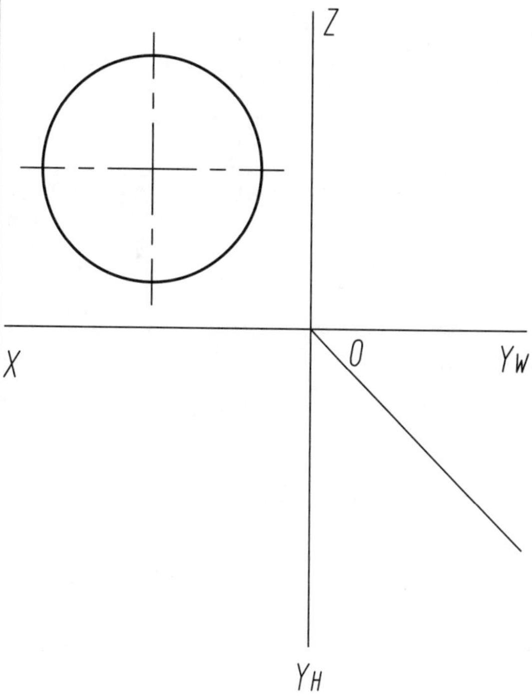

3.已知圆锥的俯视图，补全三视图。

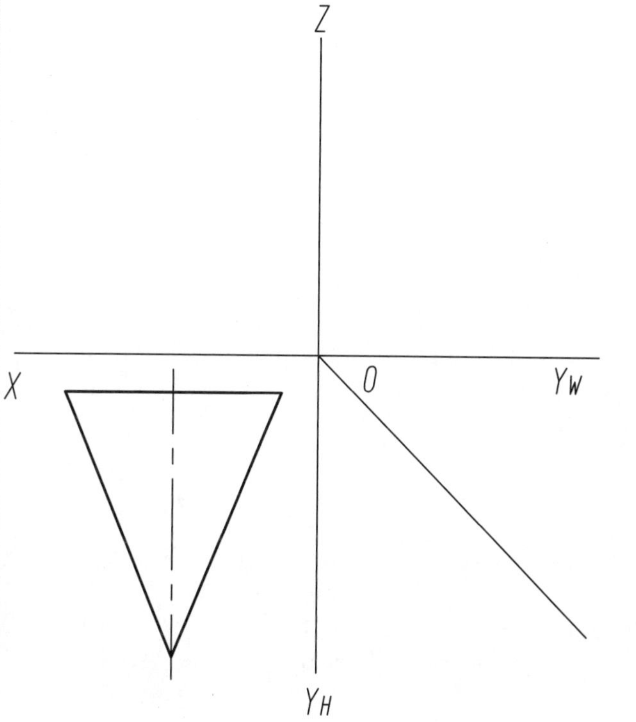

4.已知圆台的主视图，补全三视图。

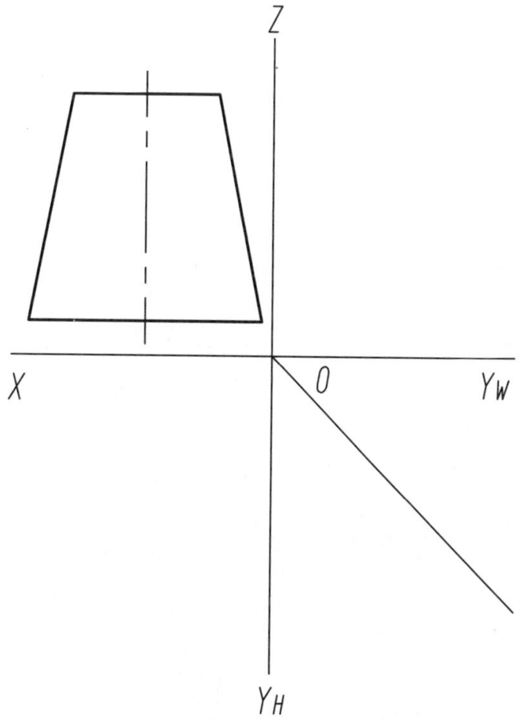

班级		学号		黑龙江交通职业技术学院
姓名		日期		

3–2 分析下列几何体，按1：1比例量取图形尺寸并标注

1.三棱柱

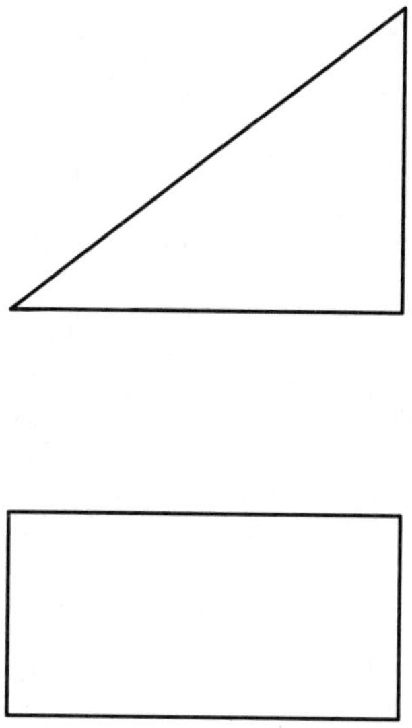

2.四棱台

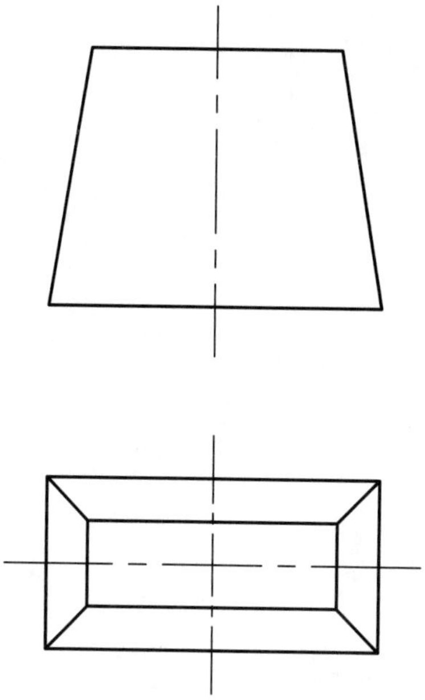

3.圆柱

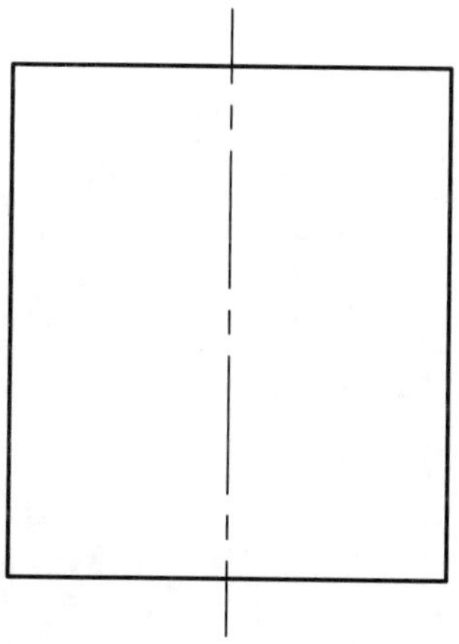

4.圆锥

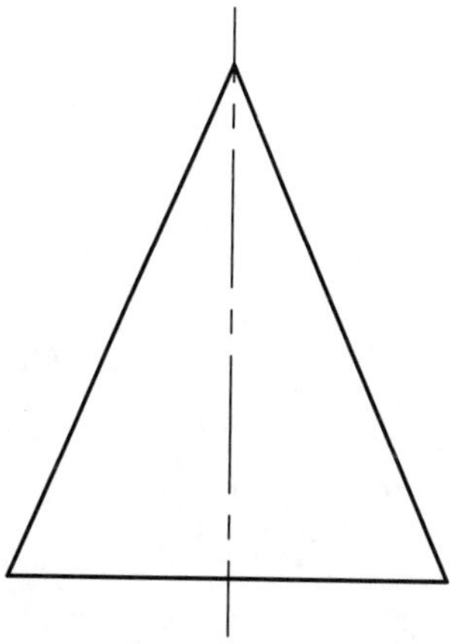

班级		学号		黑龙江交通职业技术学院
姓名		日期		

1

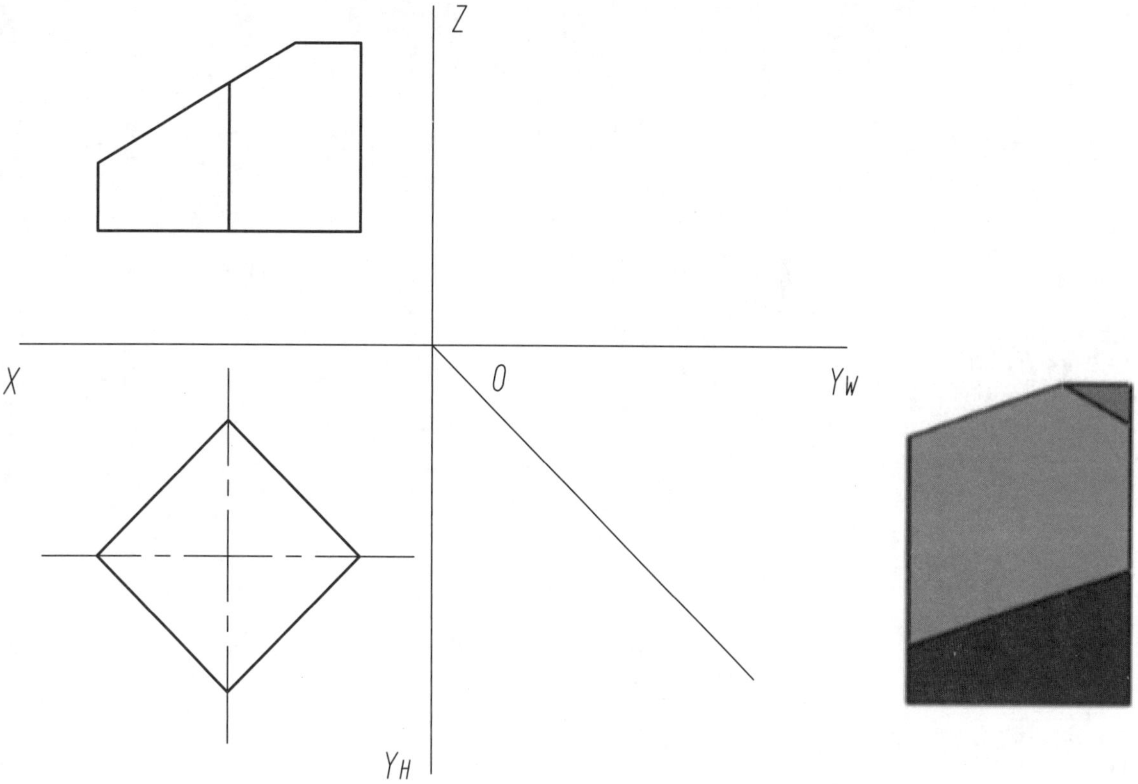

2

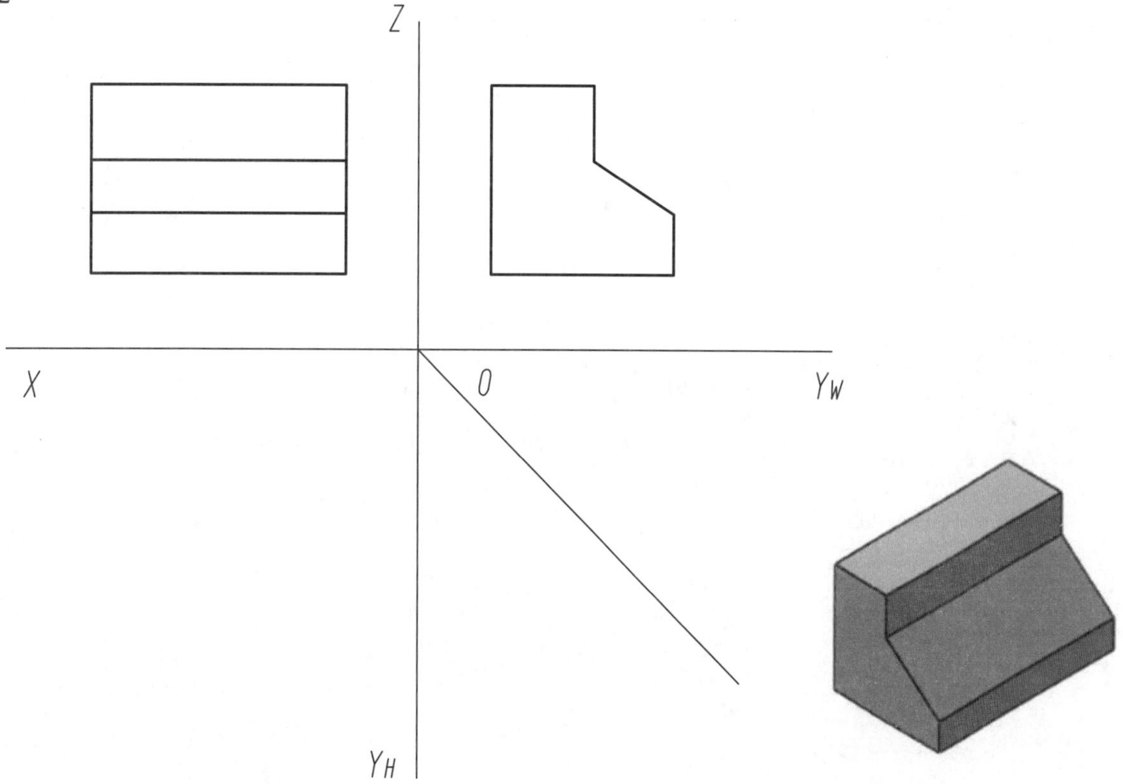

班级		学号		黑龙江交通职业技术学院
姓名		日期		

3–4 分析曲面立体的截交线，补全三面投影

1

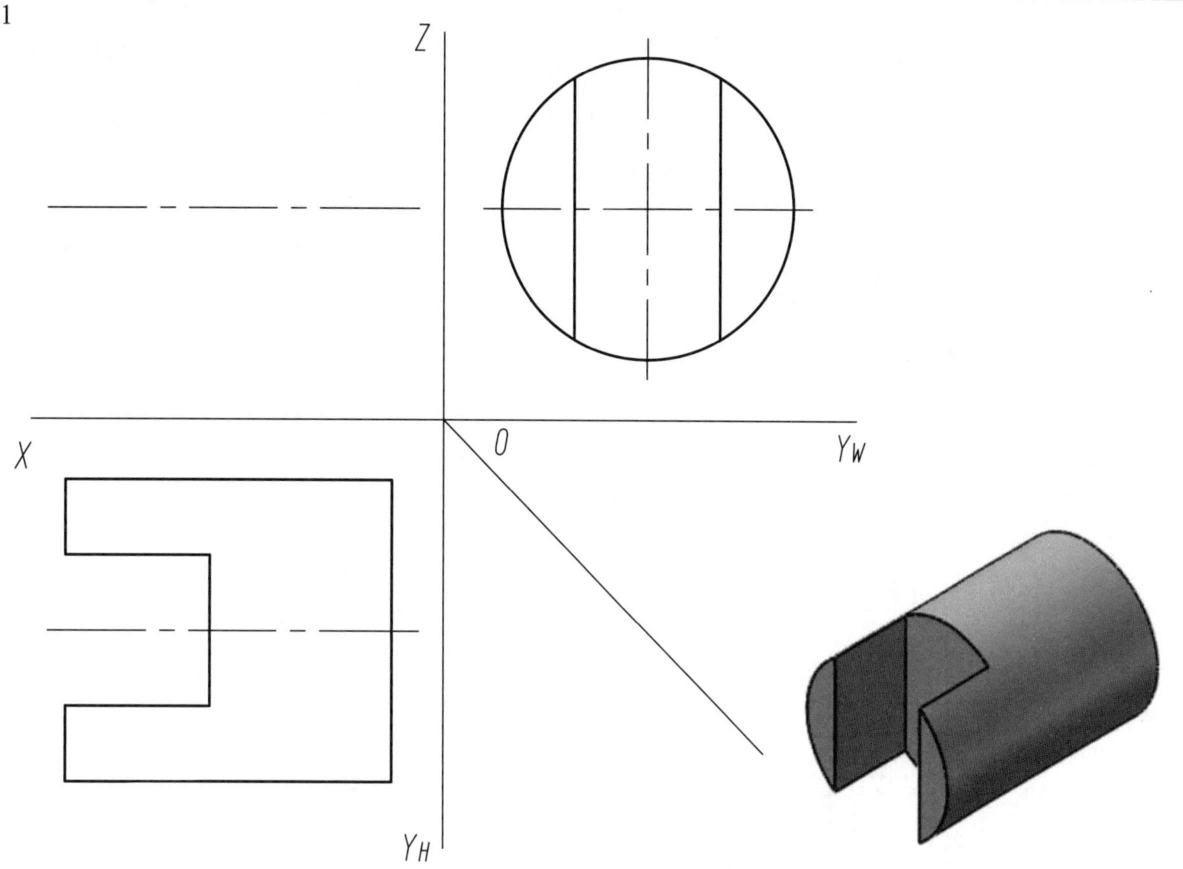

2

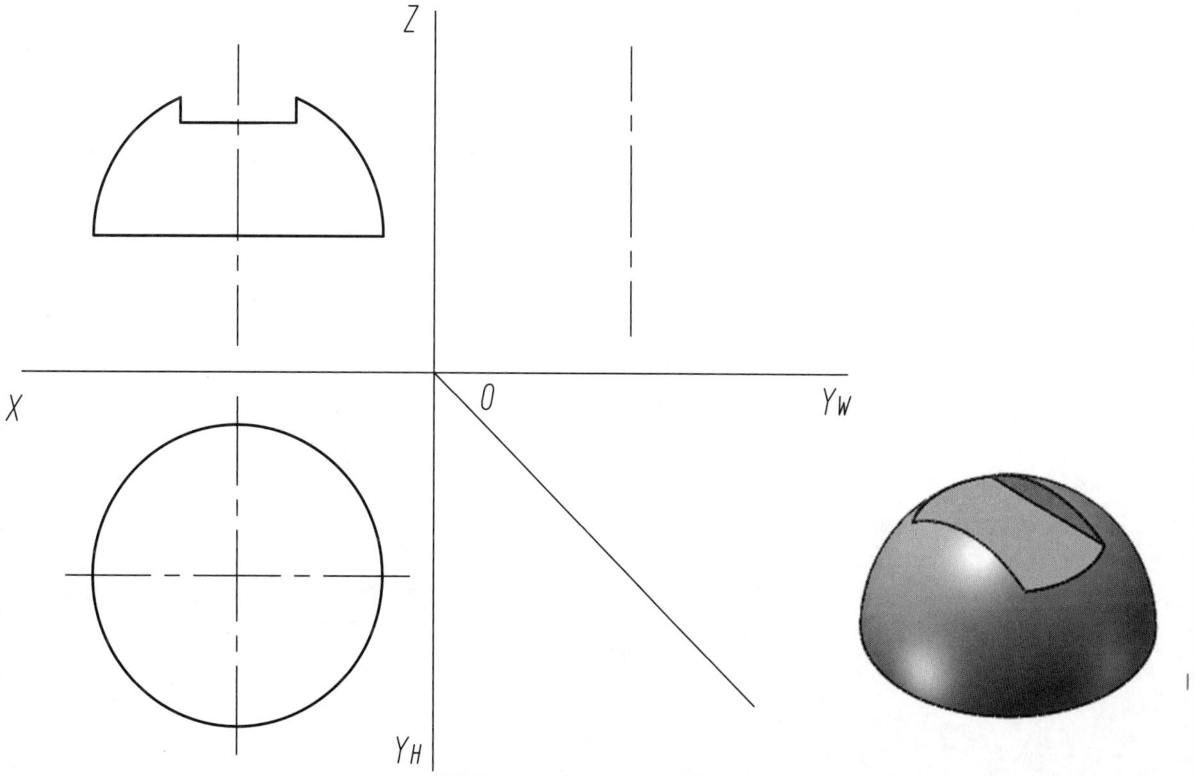

班级		学号		黑龙江交通职业技术学院
姓名		日期		

3-5 作相贯线投影

1

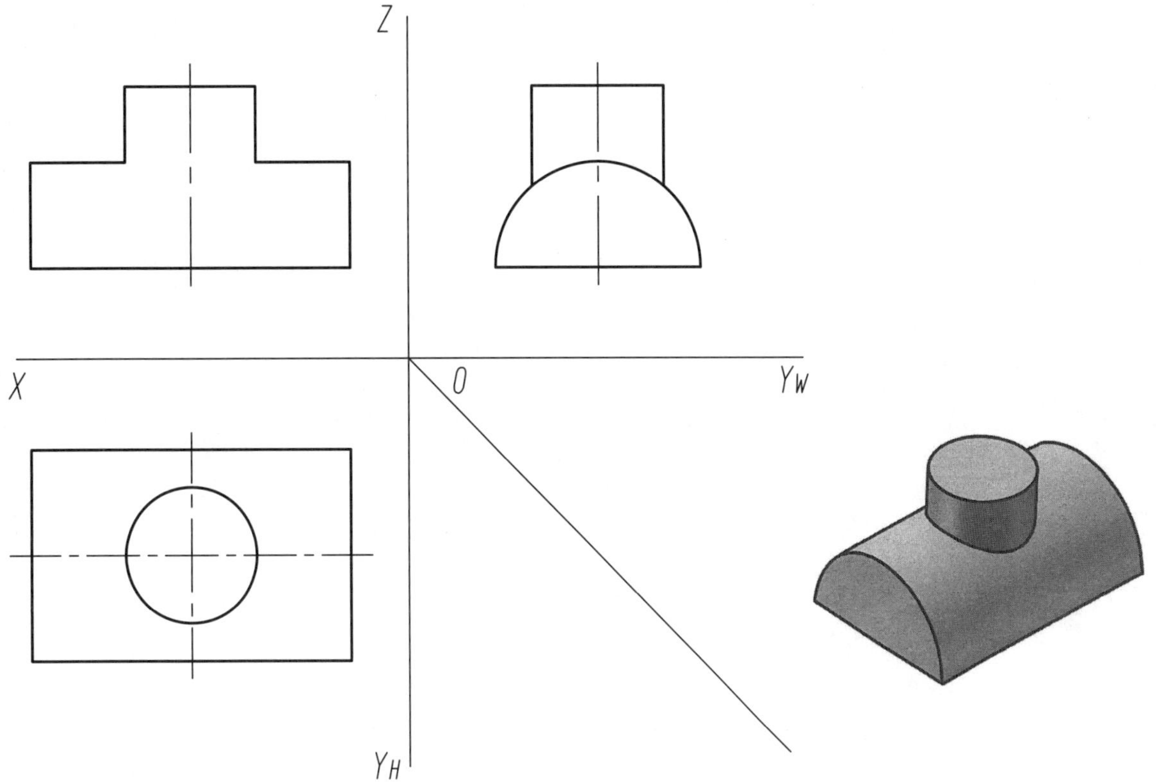

2

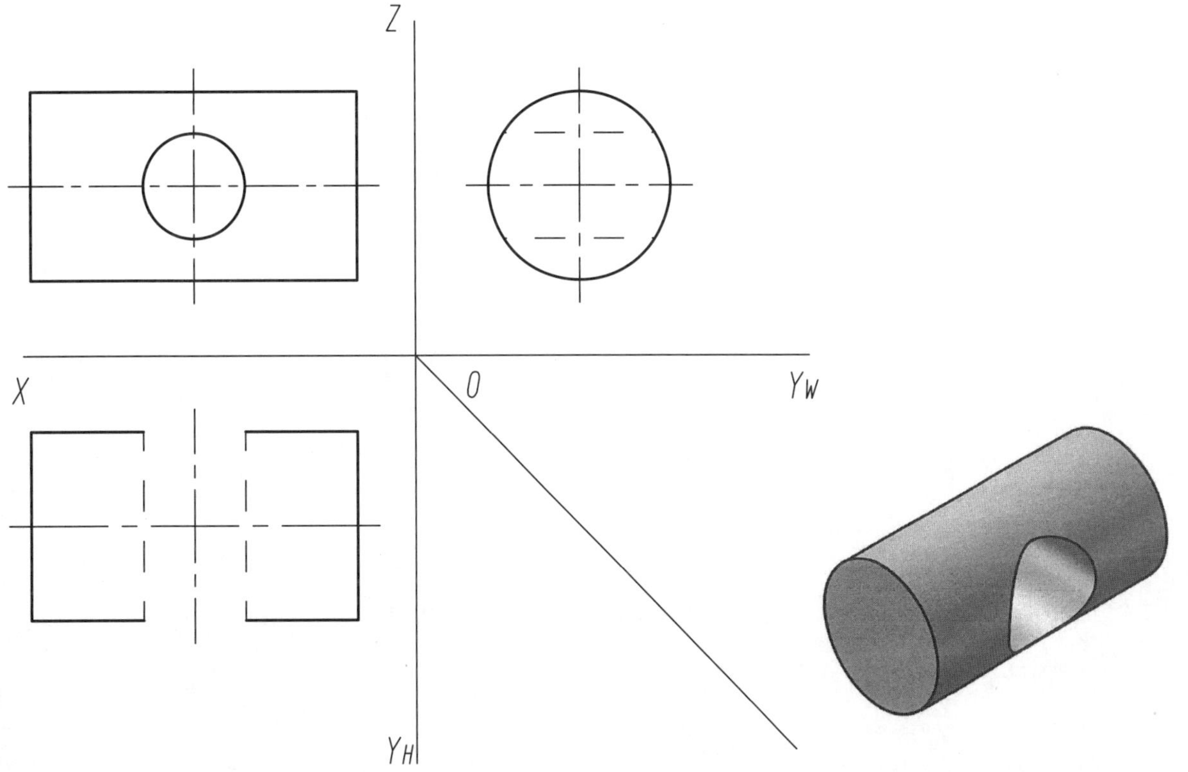

班级		学号		黑龙江交通职业技术学院
姓名		日期		

1

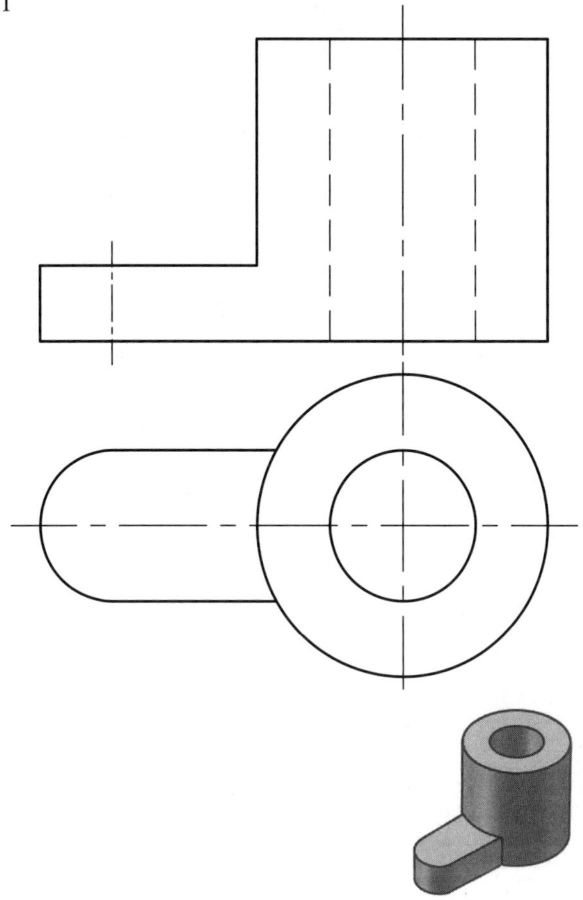

2

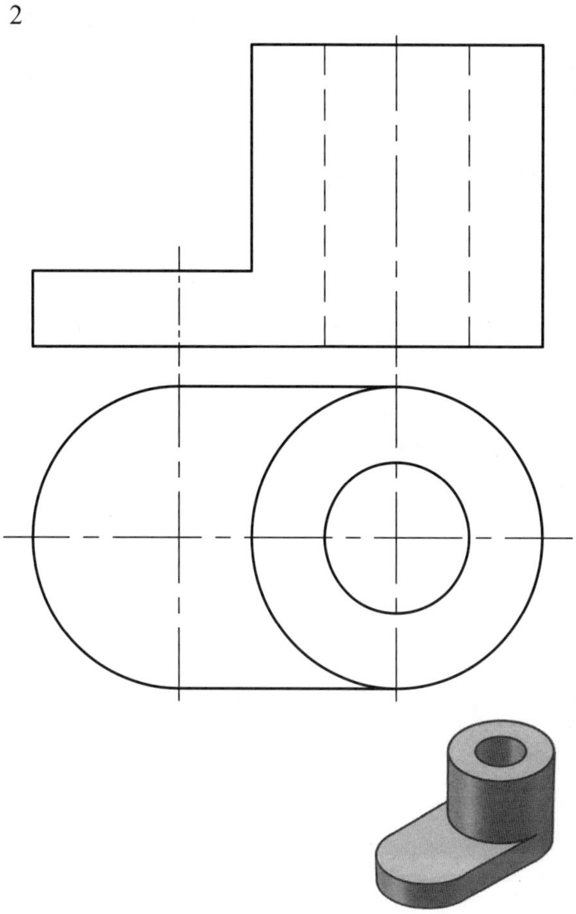

3

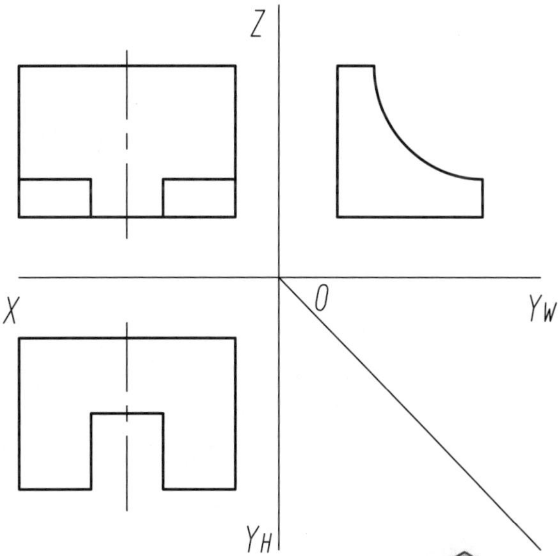

4

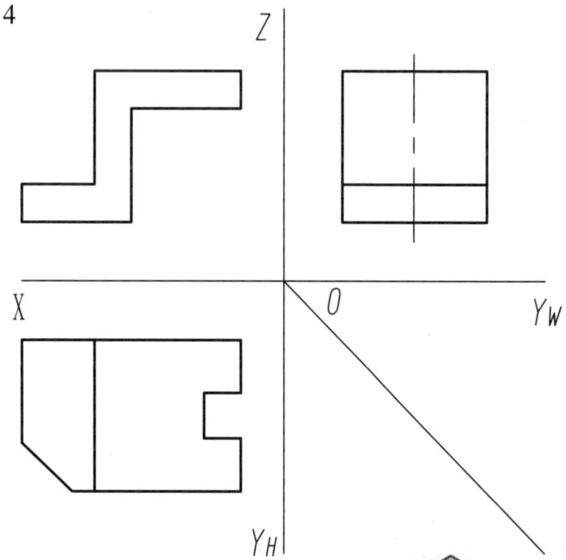

班级		学号		黑龙江交通职业技术学院
姓名		日期		

1

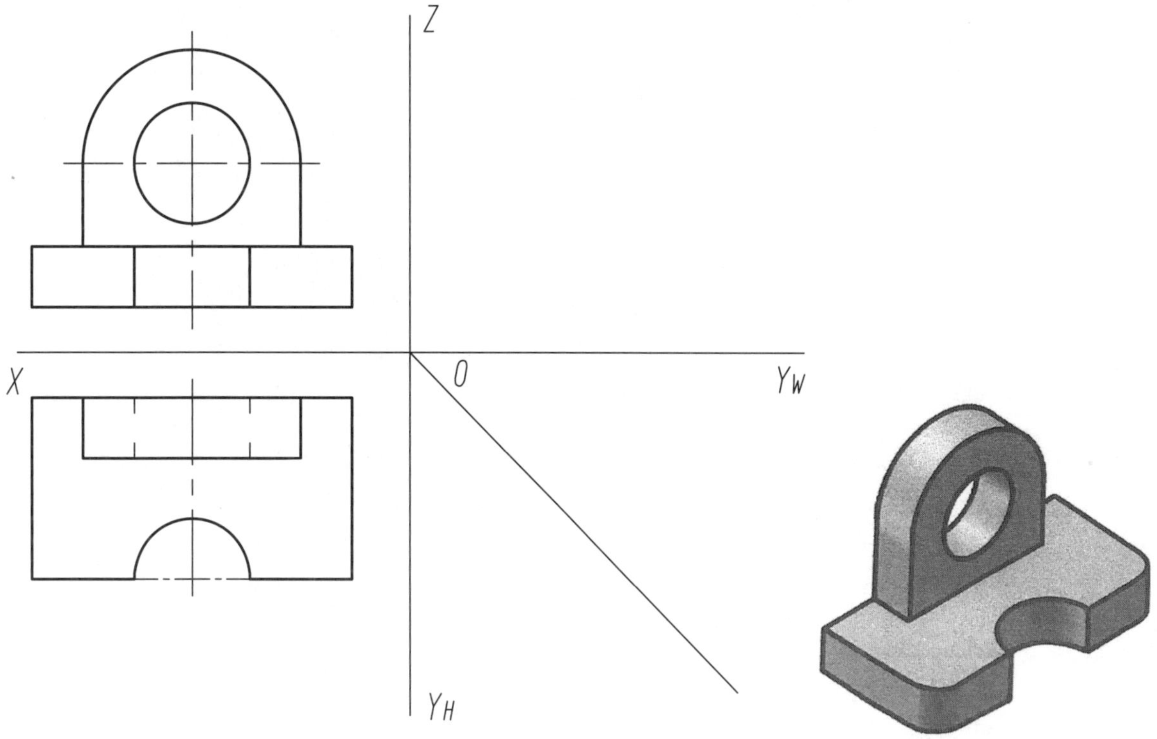

2

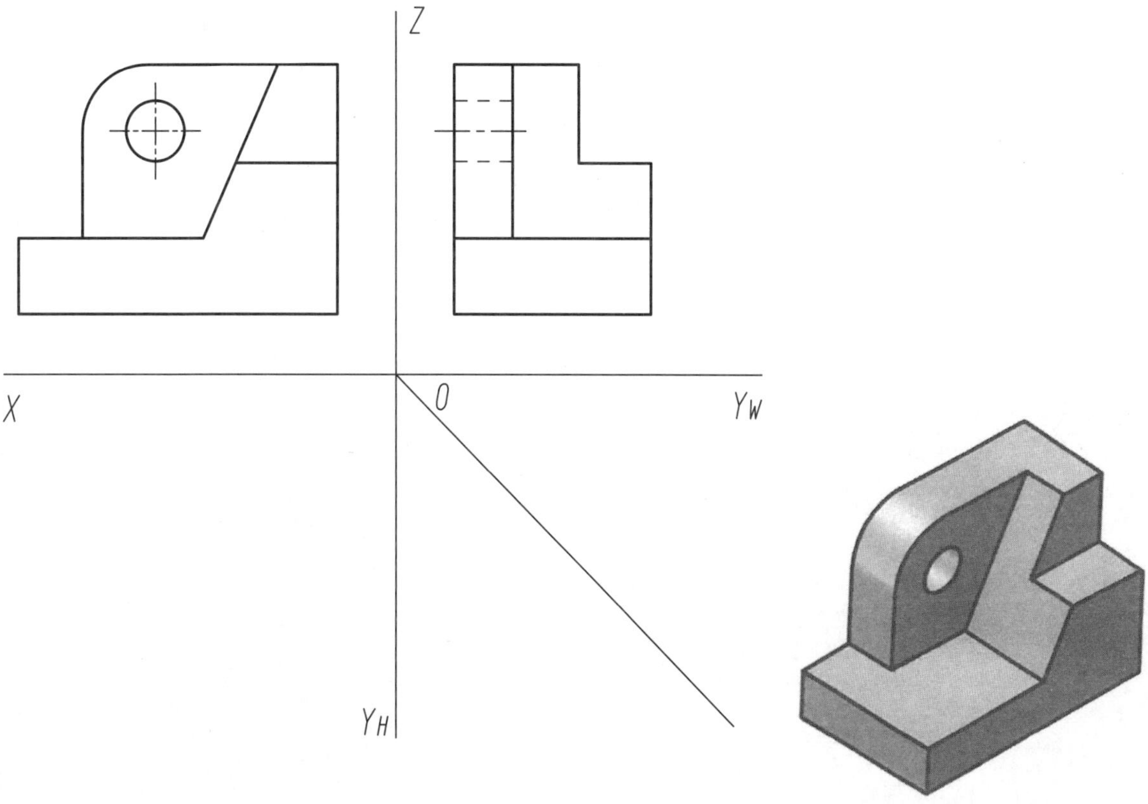

班级		学号		黑龙江交通职业技术学院
姓名		日期		

1.标注尺寸，尺寸数值见立体图。

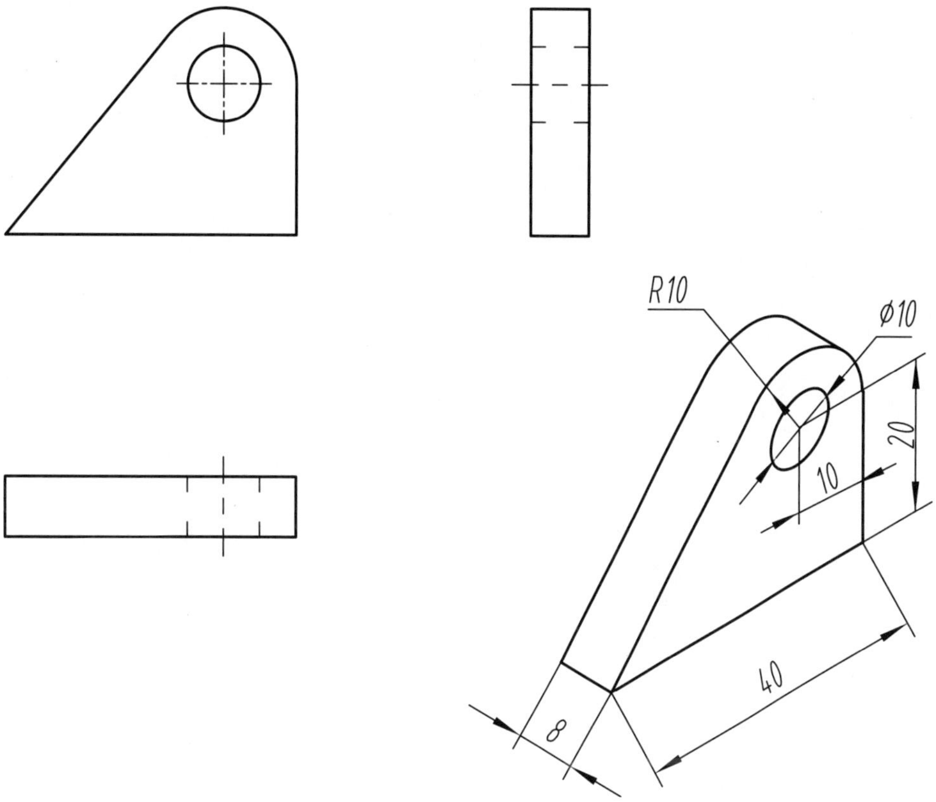

2.标注尺寸，尺寸数值见立体图。

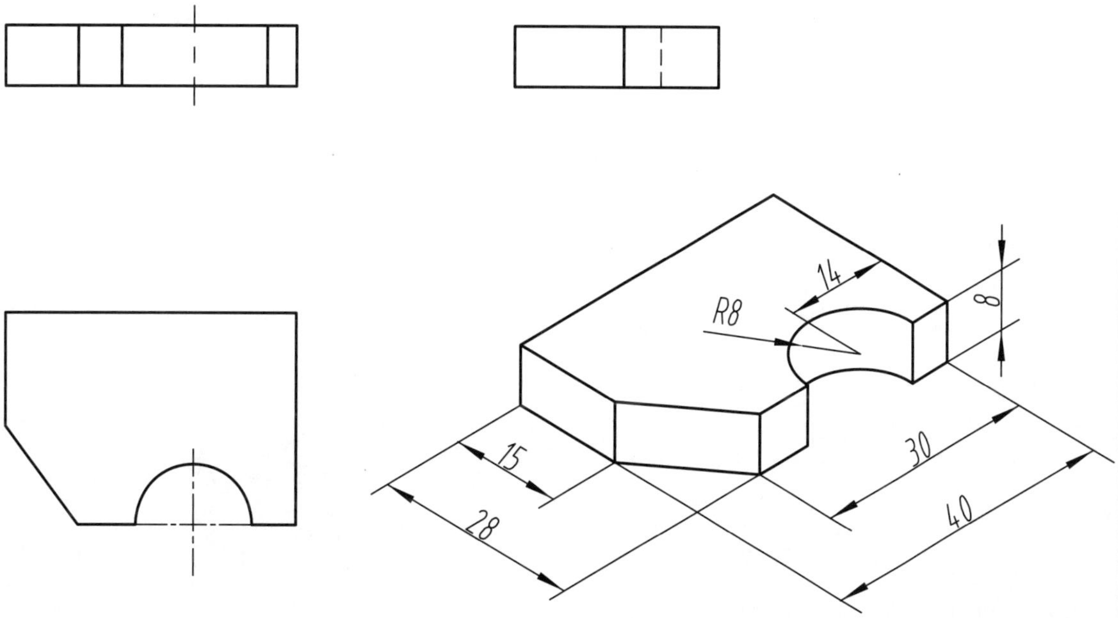

班级		学号		黑龙江交通职业技术学院
姓名		日期		

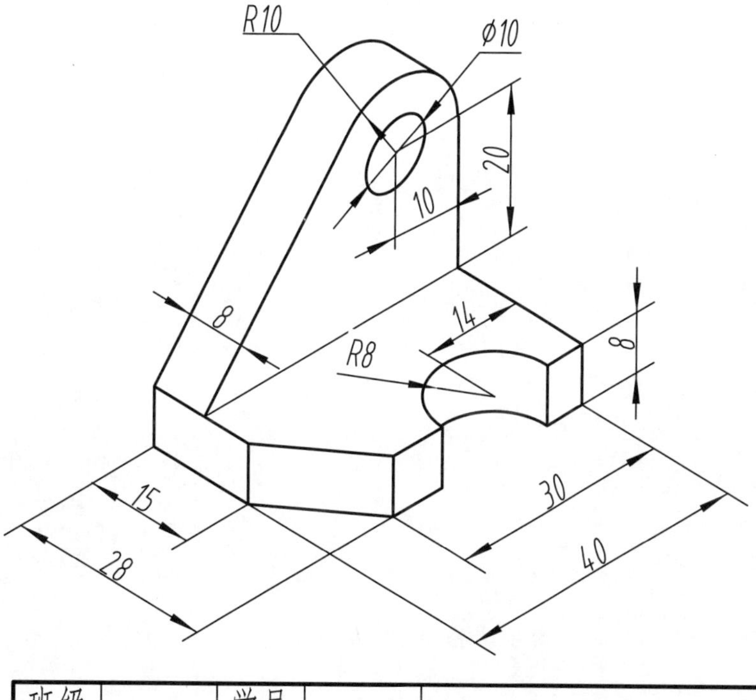

班级		学号		黑龙江交通职业技术学院
姓名		日期		

根据已知视图，在指定位置将主视图改画为全剖视图。

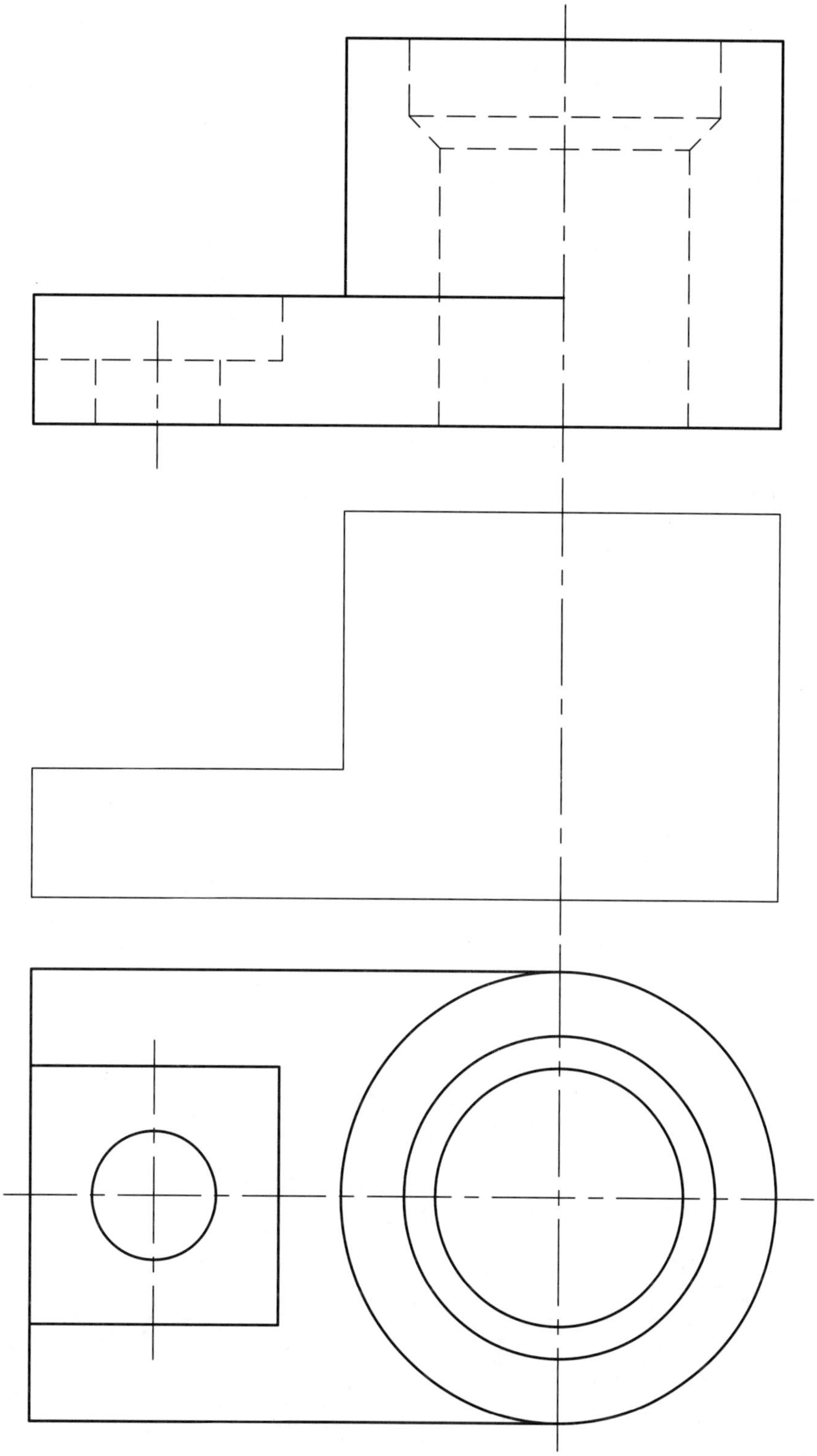

班级		学号		黑龙江交通职业技术学院
姓名		日期		

4–2 半剖视图

根据已知视图，在指定位置将主视图改画为半剖视图。

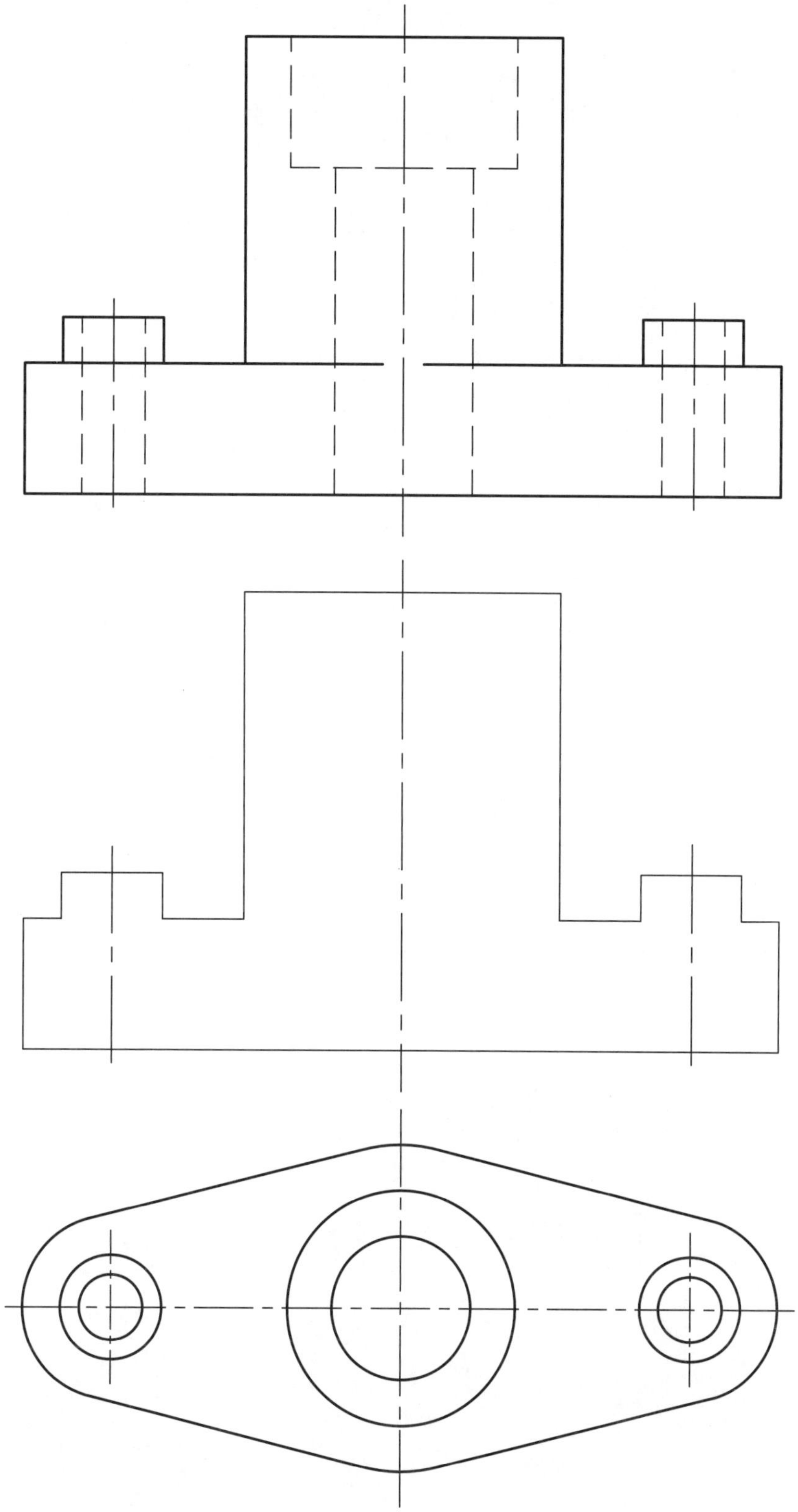

班级		学号		黑龙江交通职业技术学院
姓名		日期		

将视图改画为局部剖视图。

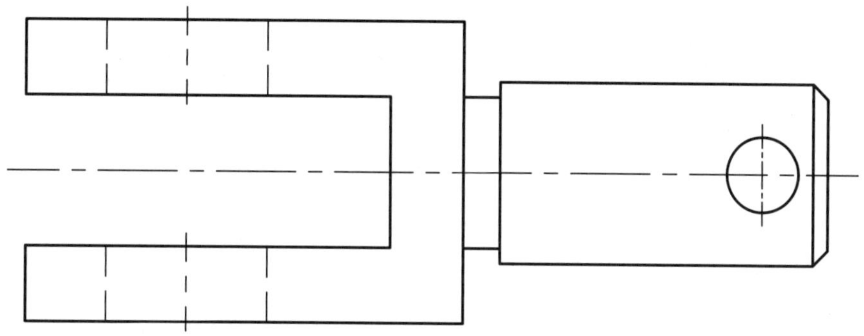

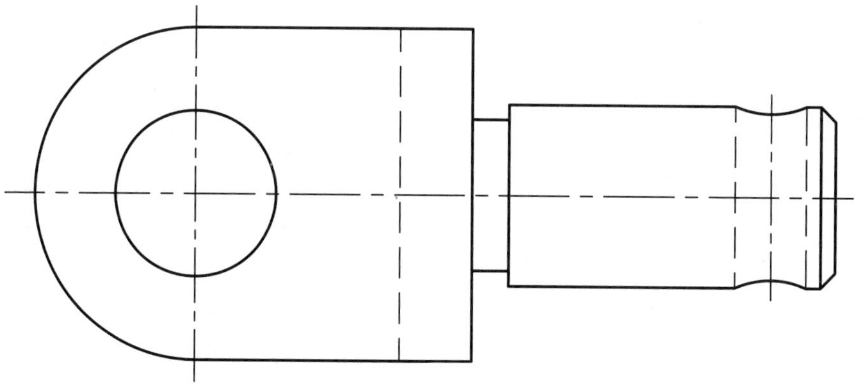

班级		学号		黑龙江交通职业技术学院
姓名		日期		

1.在指定位置画出断面图（键槽深度为3.5 mm)。

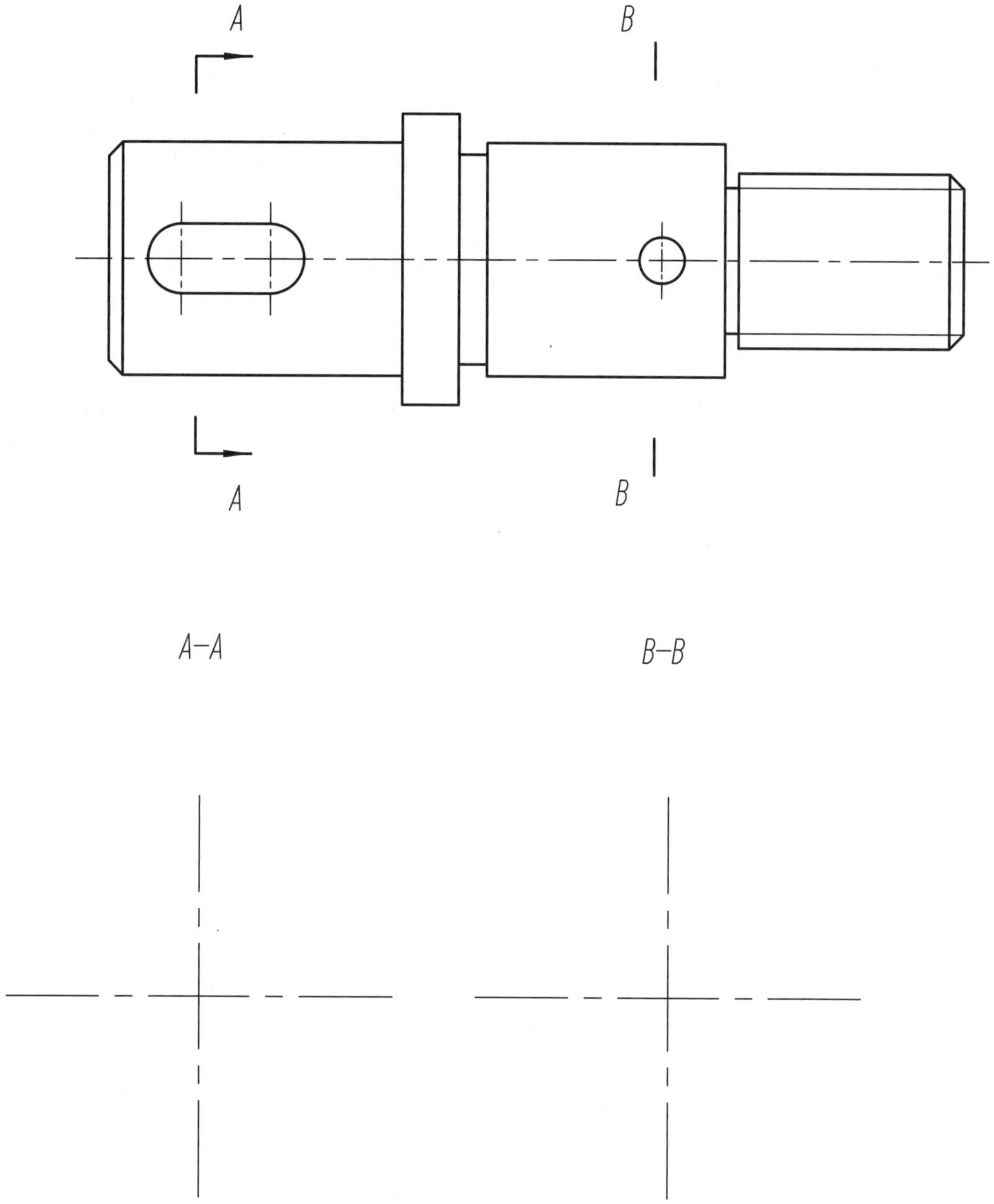

班级		学号		黑龙江交通职业技术学院
姓名		日期		

1.将外螺纹旋入内螺纹的孔之中，然后按要求进行分解。

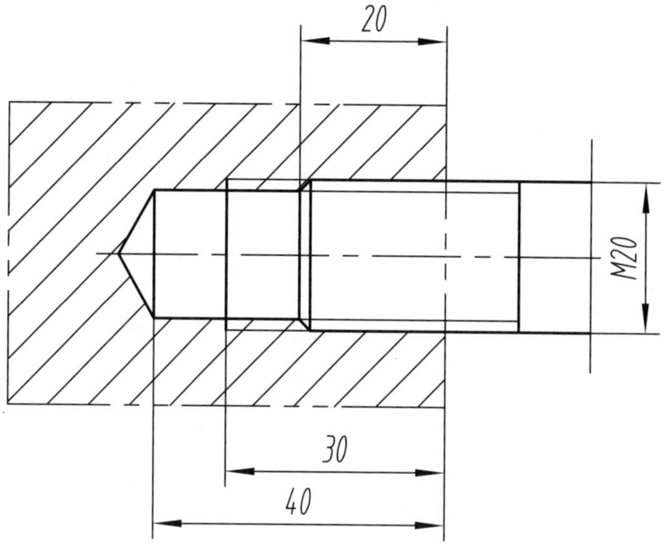

2.按规定画法绘制外螺纹：粗牙普通螺纹M20、螺纹长度为30 mm、螺杆长40 mm后断开，螺纹倒角C2。

3.按规定画法绘制内螺纹：粗牙普通螺纹M20、螺纹长度为30 mm、孔深40 mm，螺纹倒角C2。

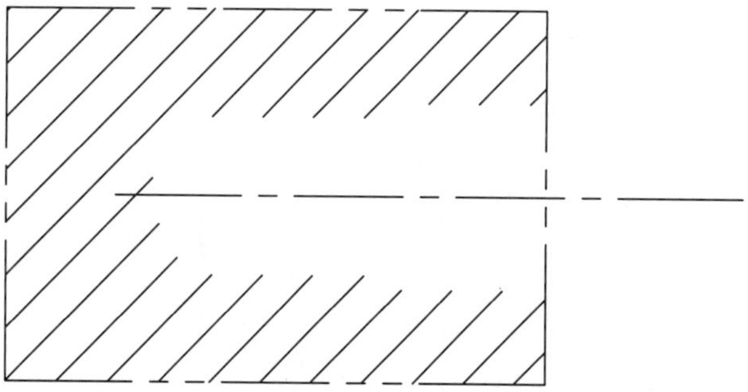

班级		学号		黑龙江交通职业技术学院
姓名		日期		

1.查表填写下列各紧固件的尺寸。

（1）六角头螺栓：GB/T 5782 M16×65。

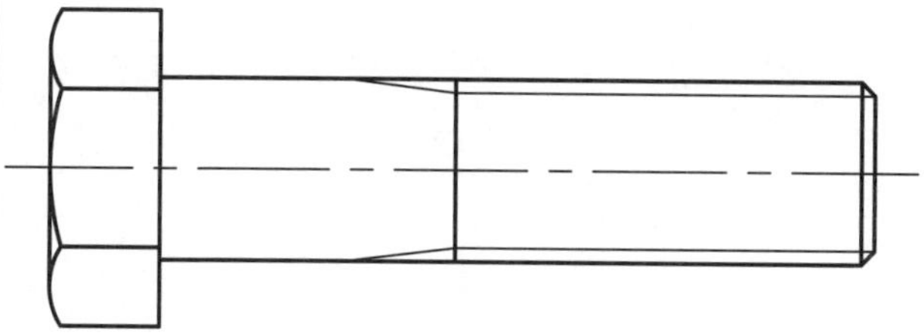

____

（2）开槽沉头螺钉：GB/T 68 M10×50。

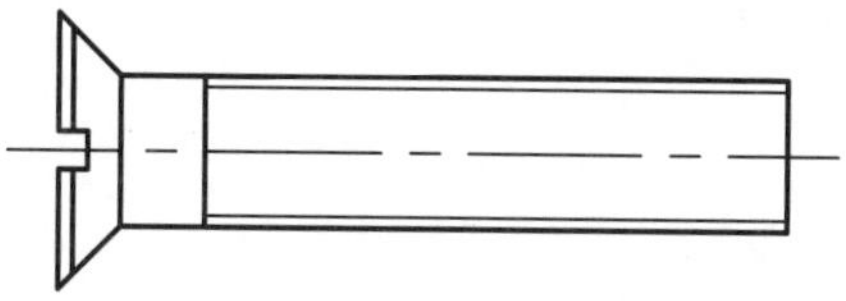

____

2.根据所注规格尺寸，查表写出各紧固件的规定标记。

（1）A级I型六角螺母。

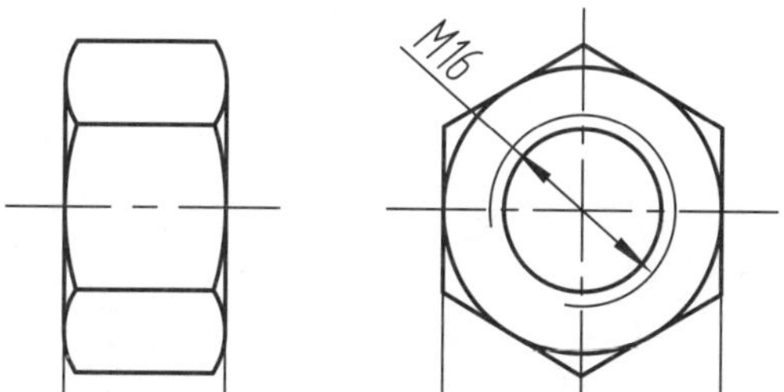

____

（2）A级I型平垫圈。

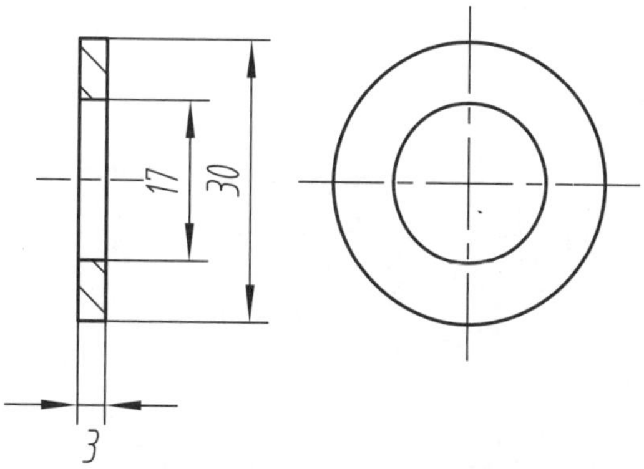

____

班级		学号		黑龙江交通职业技术学院
姓名		日期		

1.已知螺栓GB/T 5782 M16，螺母GB/T 6170.1 M16，垫圈GB/T 97.1.16，螺栓连接图如下：

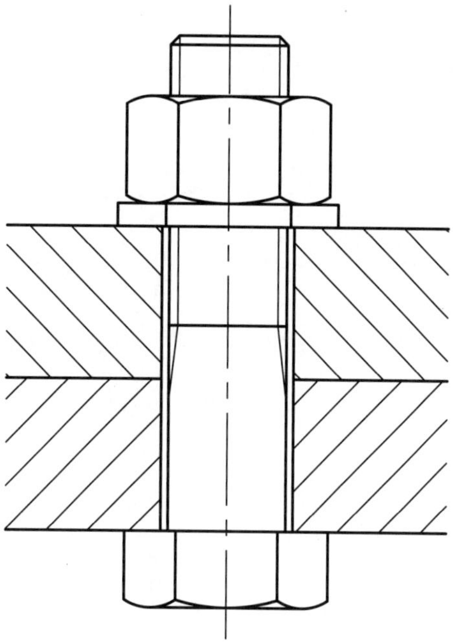

2.用螺栓GB/T 5782 M20，螺母GB/T 6170.1 M20，垫圈GB/T 97.1.20，采用1例方式完成螺栓连接图。

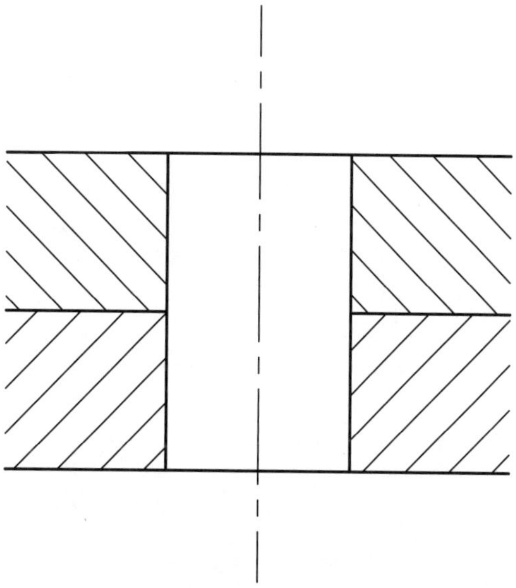

班级		学号		黑龙江交通职业技术学院
姓名		日期		

1.已知圆柱螺旋压缩弹簧的直径为5 mm，弹簧中径为40 mm，节距为10 mm，自由高度为70 mm，右旋。按提示方式画出弹簧的全剖视图（比例2：1）。

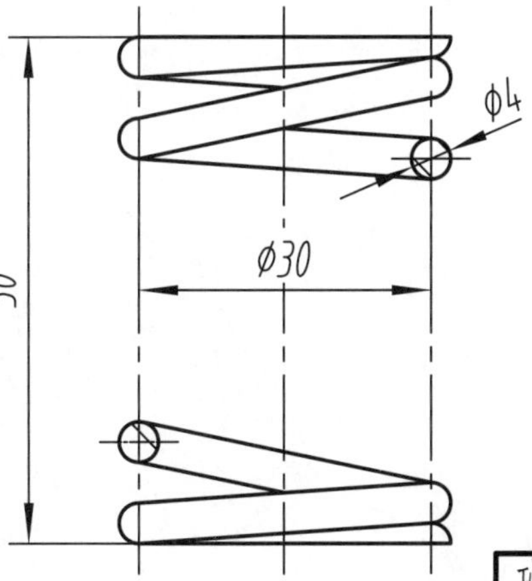

班级		学号		黑龙江交通职业技术学院
姓名		日期		

5–5 按照给定的*Ra*值，在图中标注指定表面的表面结构要求。

表 面	A,B	C	D	E,F,G	其 余
Ra/μm	12.5	3.2	6.3	25	毛坯面

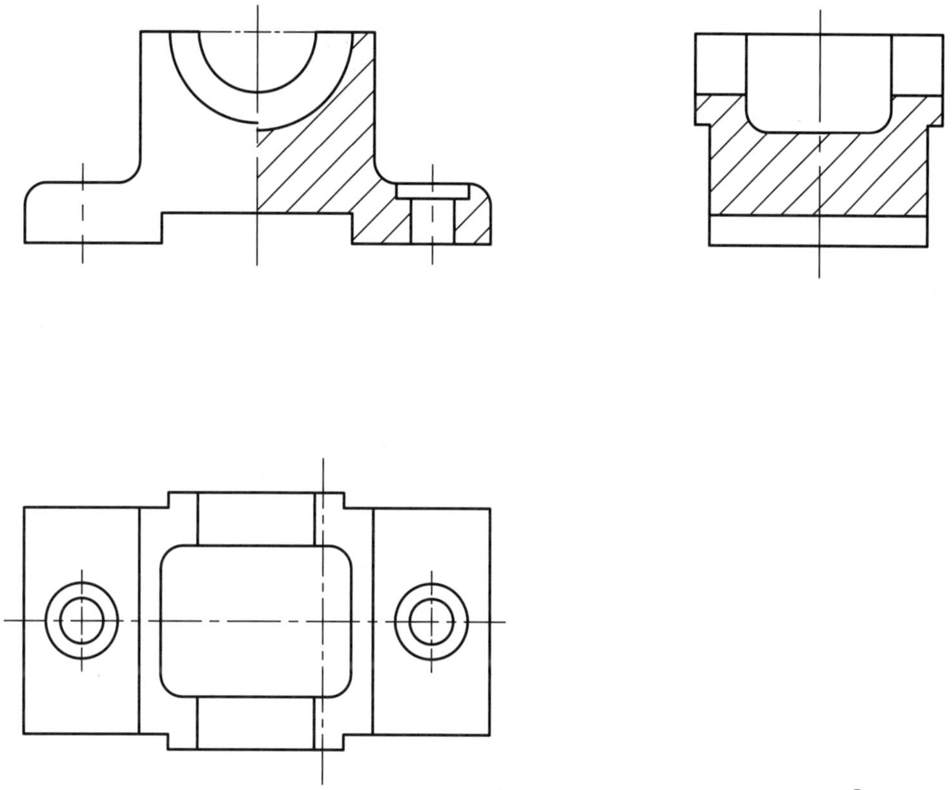

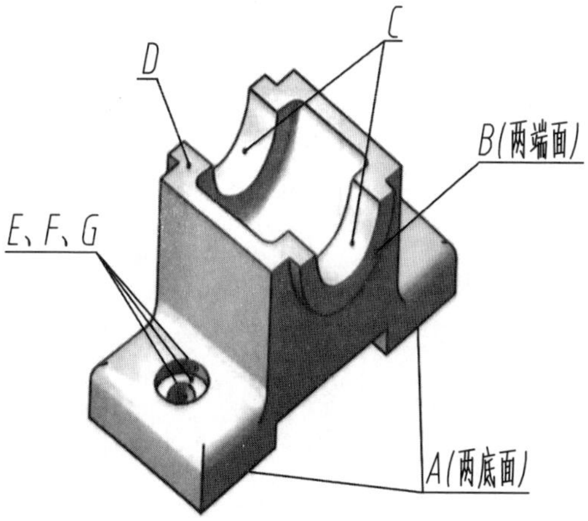

班级		学号		黑龙江交通职业技术学院
姓名		日期		

1.根据配合代号的含义，查表得上、下极限偏差值后标注在零件图上，然后填空。

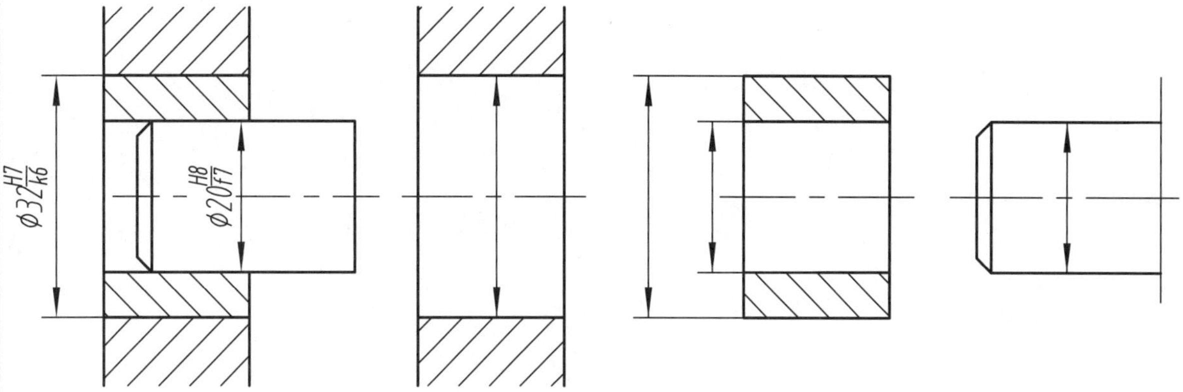

（1）轴套与泵体的配合：公称尺寸（　　），基（　　）制。
公差等级：轴IT（　　）级，孔IT（　　）级，（　　）配合。
轴套：上极限偏差（　　），下极限偏差（　　）。
泵体孔：上极限偏差（　　），下极限偏差（　　）。
（2）轴套与轴的配合：公称尺寸（　　），（　　）制。
公差等级：轴IT（　　）级，孔IT（　　）级，（　　）配合。
轴套：上极限偏差（　　），下极限偏差（　　）。
轴：上极限偏差（　　），下极限偏差（　　）。

2.用文字解释图中几何公差的含义。

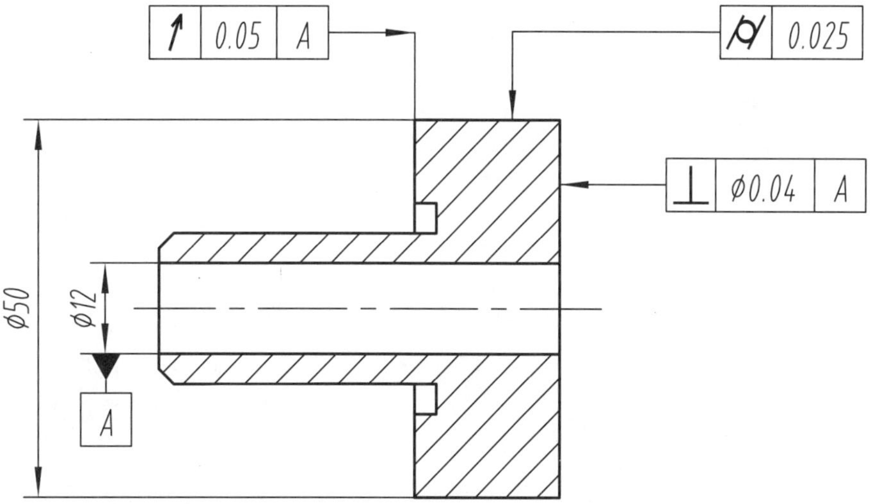

（1）| ↗ | 0.05 | A |：______________________________。
（2）| ⌭ | 0.025 |：______________________________。
（3）| ⊥ | Φ0.04 | A |：______________________________。

班级		学号		黑龙江交通职业技术学院
姓名		日期		

5-7 识读钳工实训中的零件图，并回答问题。

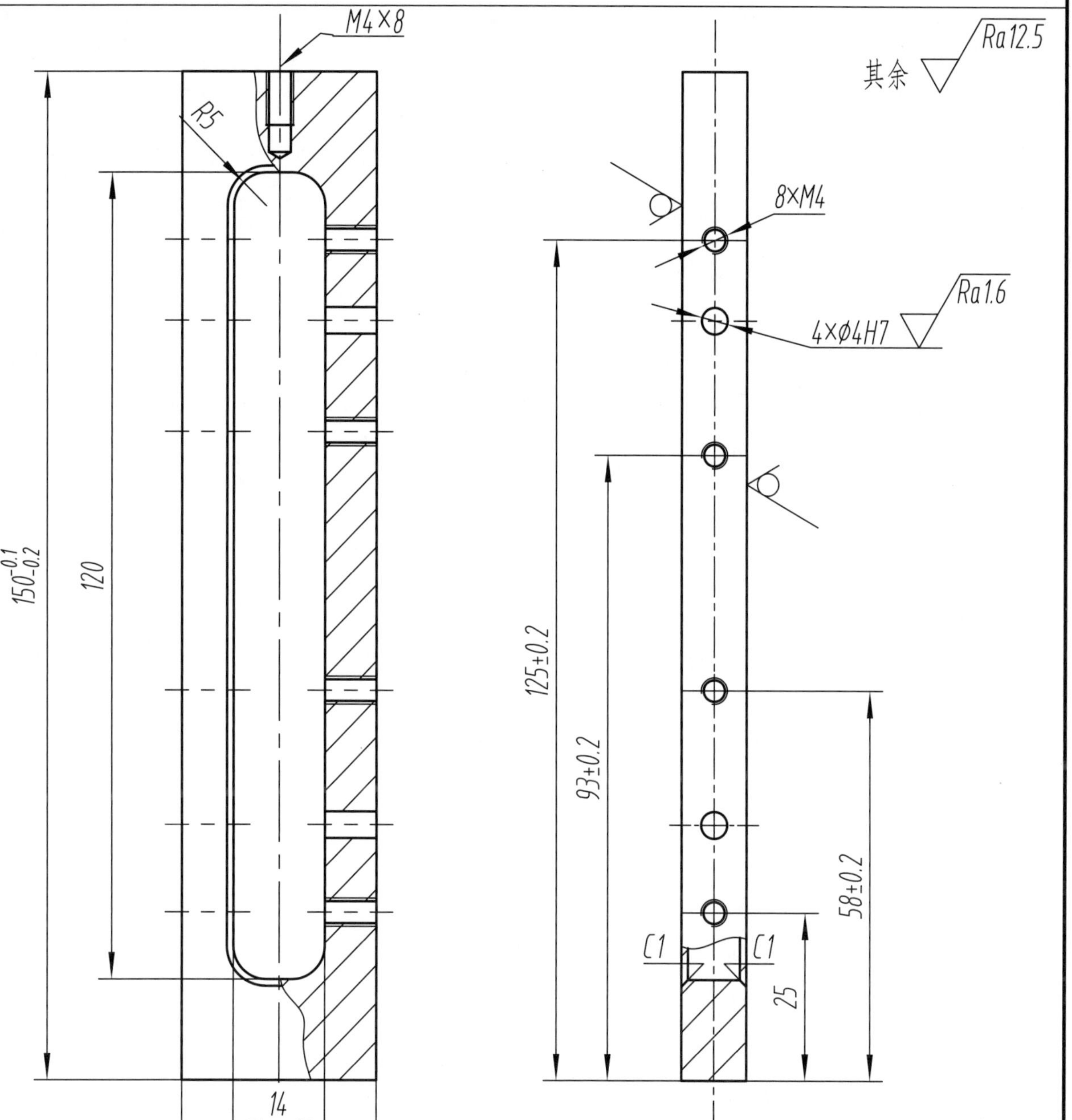

技术要求

1.锐角倒钝（R0.3）；

2.未注形位公差符合GB/T 1184—1996要求。

1.该零件名称为（　　　　），材料为（　　　），绘图比例为（　　　）。

2.该零件采用了（　　）个视图表达零件的结构形状，分别为（　　）视图、（　　）视图和（　　）视图。

3.该零件的长度为（　　）mm，宽度为（　　）mm，高度为（　　）mm。

4.该零件表面粗糙度要求最高的*Ra*值为（　　　）。

连接板		比例	1∶1	
		材料	Q235	
班级		学号		黑龙江交通职业技术学院
制图		日期		

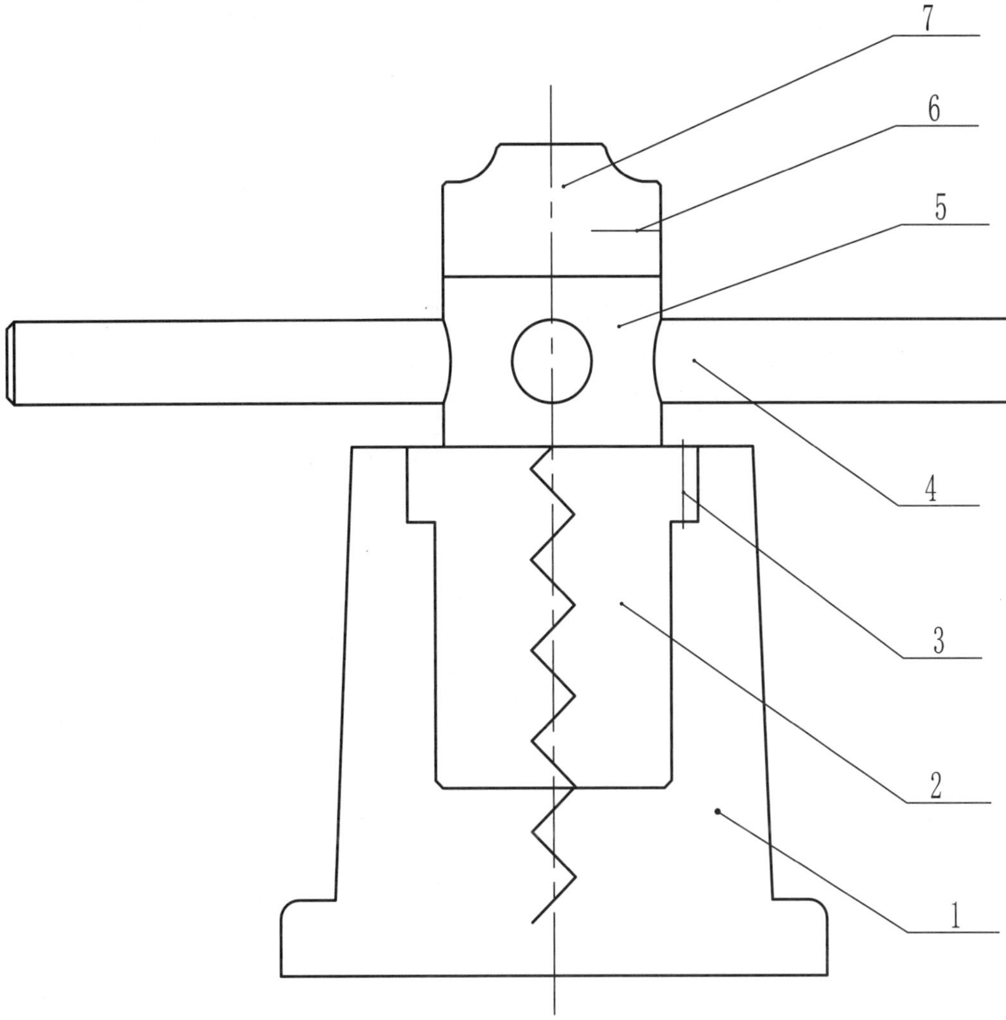

序号	名称	数量	材料	备注
7	顶垫	1	45	QJD-05
6	螺钉	1	10	螺钉M8×12
5	螺杆	1	45	QJD-04
4	旋转杆	1	Q235	QJD-03
3	螺钉	1	10	螺钉M10×12
2	螺套	1	45	QJD-02
1	底座	1	HT150	QJD-01

千 斤 顶			比例	1∶2	QJD-00
			材料		
班级		学号		黑龙江交通职业技术学院	
制图		日期			

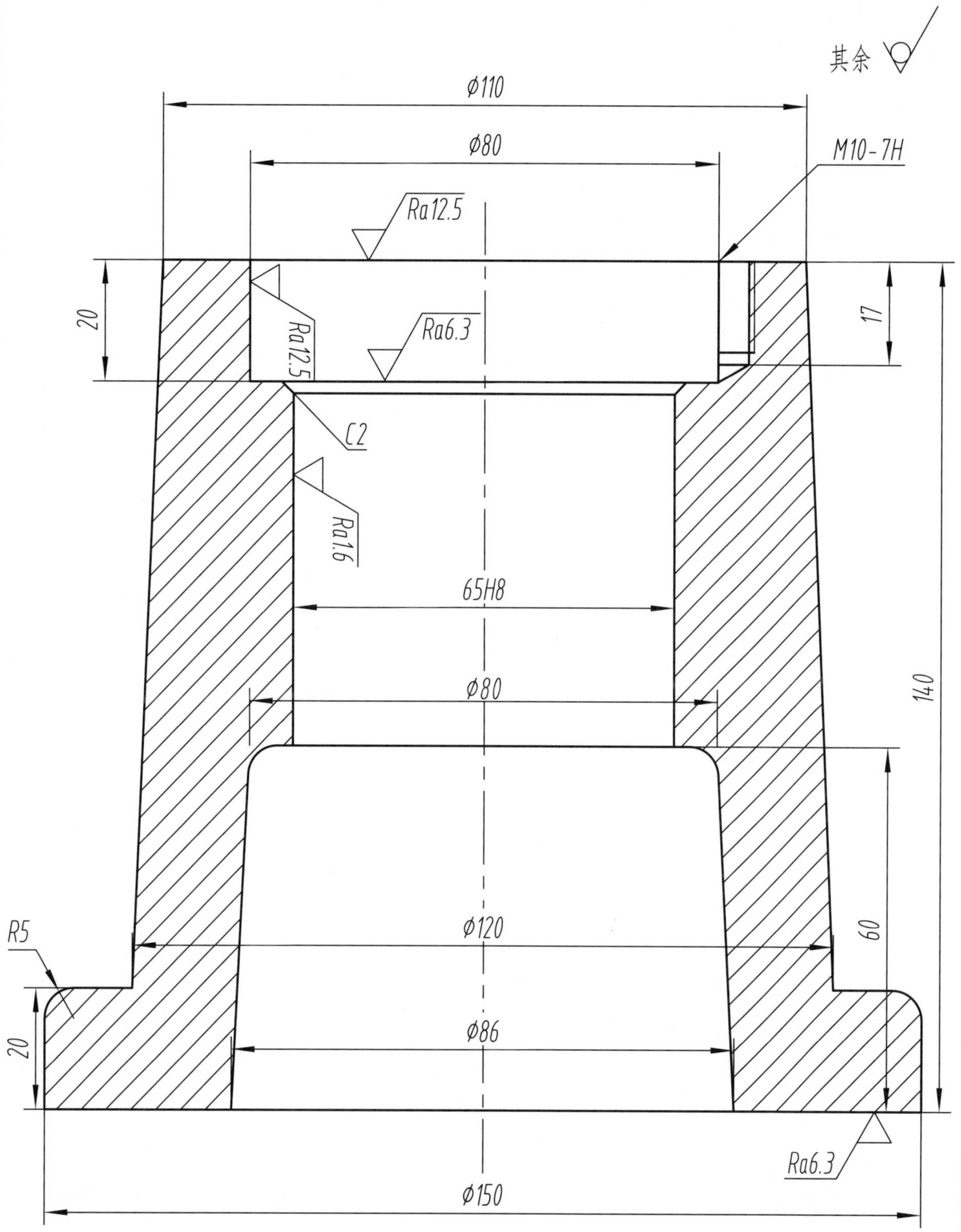

技术要求

1. 未注圆角R5。
2. 未注倒角C2。

底　座			比例	1:1	QJD-01	
			材料	HT150		
班级		学号		黑龙江交通职业技术学院		
制图		日期				

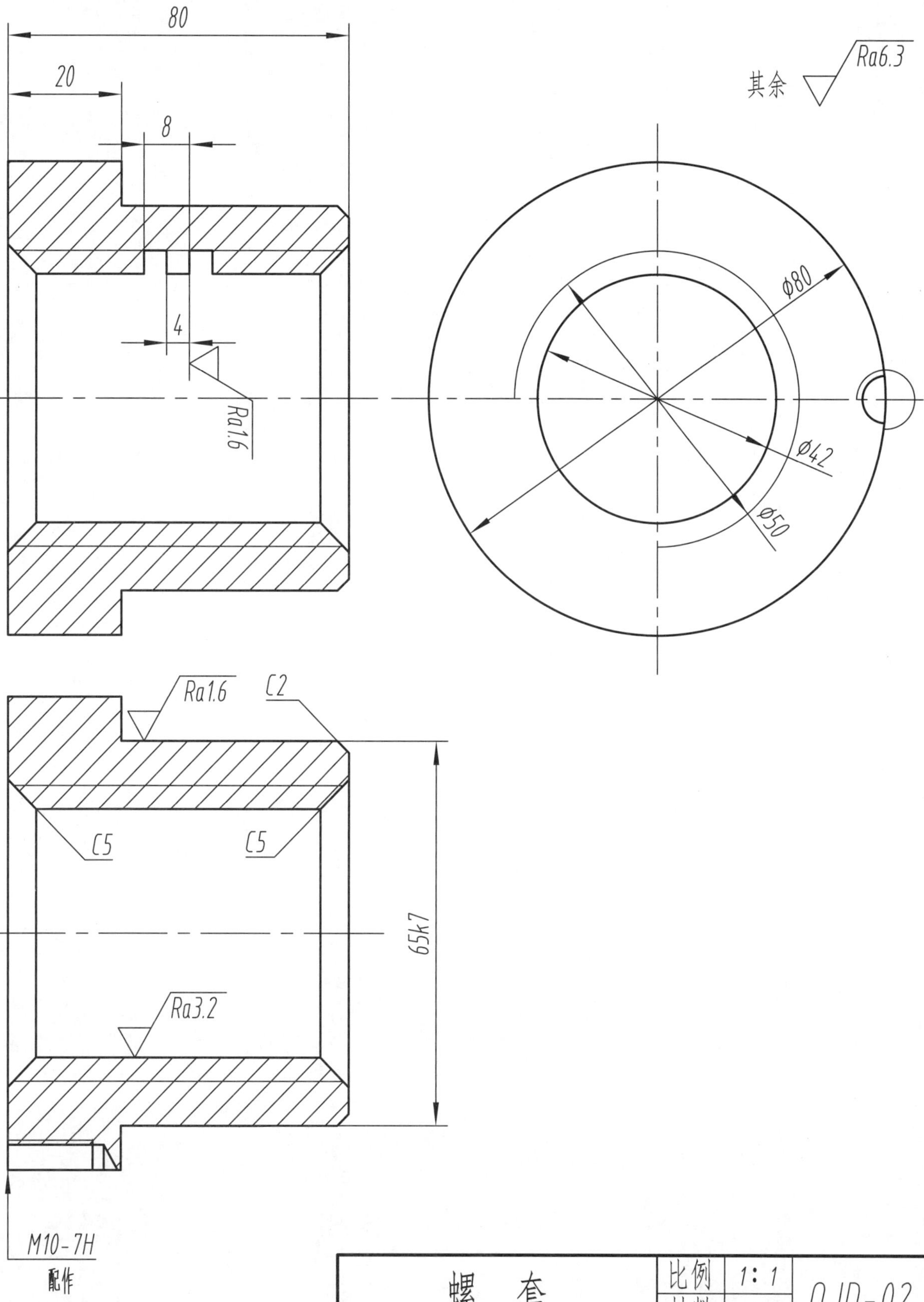

螺　套		比例	1∶1	QJD-02
		材料	45	
班级		学号		黑龙江交通职业技术学院
制图		日期		

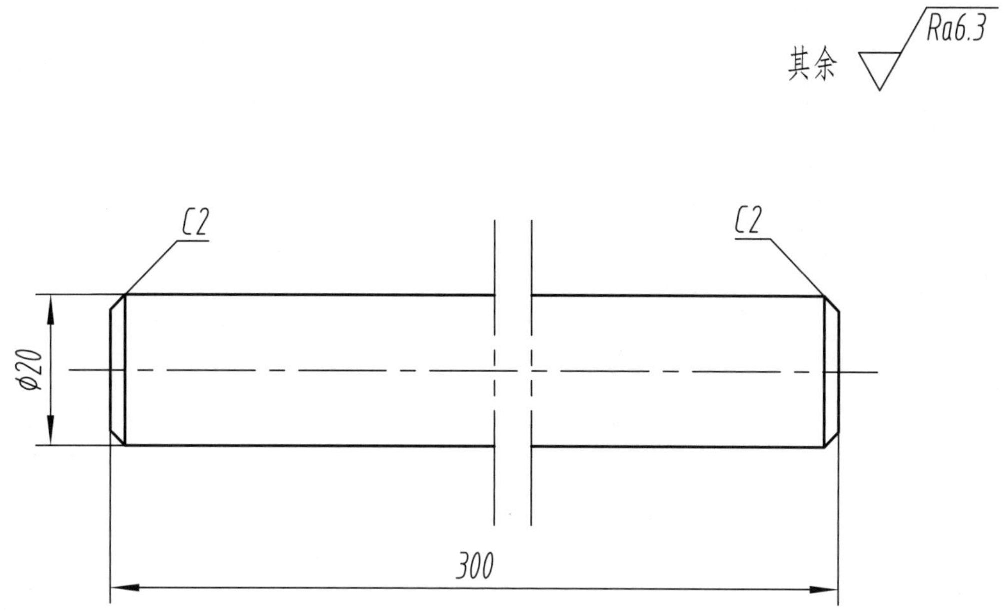

旋 转 杆			比例	1:1	QJD-03
			材料	Q235	
班级		学号		黑龙江交通职业技术学院	
制图		日期			

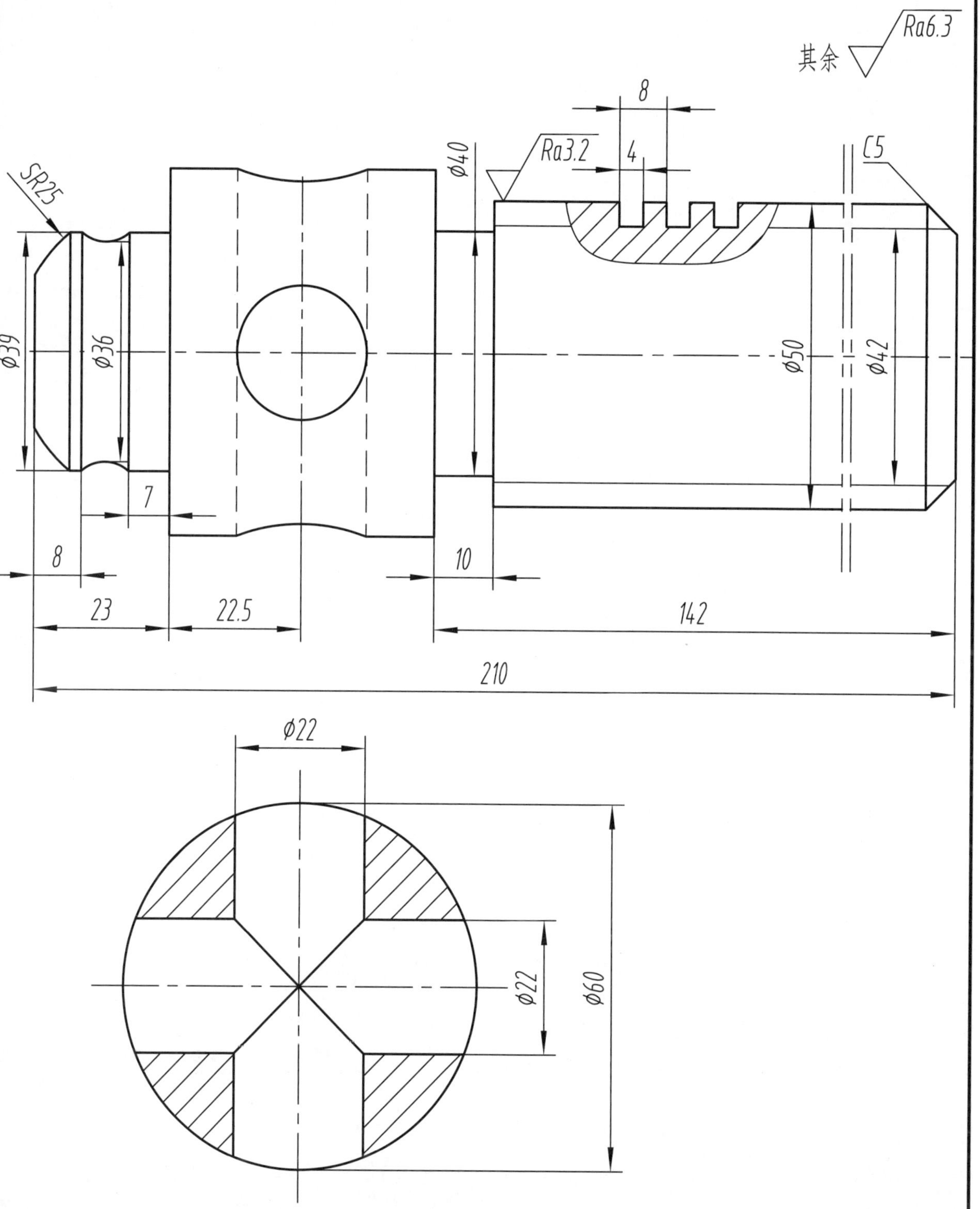

螺　杆			比例	1:1	QJD-04
			材料	45	
班级		学号		黑龙江交通职业技术学院	
制图		日期			

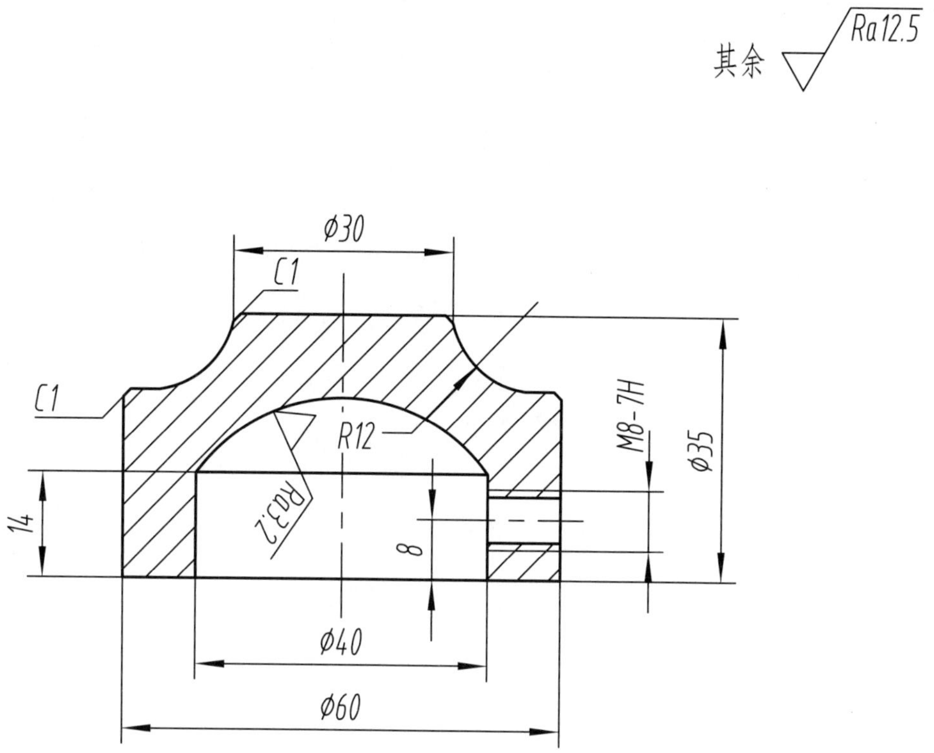

顶垫				比例	1:1	QJD-05
				材料	45	
班级		学号		黑龙江交通职业技术学院		
制图		日期				

6-7 根据千斤顶装配示意图和零件图画装配图

7	顶垫	1	45	QJD-05
6	螺钉	1	10	螺钉M8×12
5	螺杆	1	45	QJD-04
4	旋转杆	1	Q235	QJD-03
3	螺钉	1	10	螺钉M10×12
2	螺套	1	45	QJD-02
1	底座	1	HT150	QJD-01
序号	名称	数量	材料	备注

千 斤 顶		比例	1:2	QJD-00
		材料		
班级		学号		黑龙江交通职业技术学院
制图		日期		

参考文献

[1] 史卫华. 机械制图与 CAD 习题集[M]. 北京：机械工业出版社，2019.
[2] 唐永艳. 机械制图习题集[M]. 北京：机械工业出版社，2019.
[3] 张慧. 机械制图与 CAD 习题集[M]. 成都：西南交通大学出版社，2018.
[4] 安增桂. 机械制图习题集[M]. 北京：中国铁道出版社，2014.
[5] 王兰美. 机械制图习题集[M]. 北京：高等教育出版社，2004.